新媒体与交互设计丛书

交互动画设计：
Zbrush+Autodesk+Unity+Kinect+Arduino
三维体感技术整合

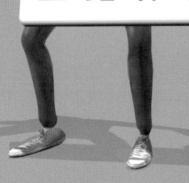

赵杰 董海山 著
李志强 审

U0293772

化学工业出版社

·北京·

本书桥接了数字角色造型与交互技术，引导读者运行先进的建模工具，自主进行原创造型的数字化设计和形态塑造，之后在Unity多元化交互引擎发布平台，结合Arduino开源开发板平台，以及当前流行的Kinect体感外设，进行传感信号交互与动作实时遥控角色的艺术创作，具有跨平台和多学科协同创新特点。

本书主要面向具有美术造型功底和图形化创意思维的交互艺术专业人士，以及交互艺术爱好者，可作为艺术院校的动画、数字媒体、新媒体、游戏等专业教材，也可以作为个人化和微型工作室进行交互游戏开发和交互艺术创作的参考资料。

图书在版编目（CIP）数据

交互动画设计：Zbrush+Autodesk+Unity+Kinect+Arduino三维体感技术整合/赵杰，董海山著. —北京：化学工业出版社，2016.2（2017.4重印）
（新媒体与交互设计丛书）
ISBN 978-7-122-25850-2

Ⅰ.①交…　Ⅱ.①赵…②董…　Ⅲ.①三维动画软件②电子计算机-游戏程序-程序设计③单片微型计算机-程序设计　Ⅳ.①TP391.41

中国版本图书馆CIP数据核字（2015）第299162号

责任编辑：张　阳　李彦玲　　　　　　　　　装帧设计：王晓宇　赵　杰
责任校对：蒋　宇

出版发行：化学工业出版社（北京市东城区青年湖南街13号　邮政编码100011）
印　　装：北京瑞禾彩色印刷有限公司
787mm×1092mm　1/16　印张14¹/₂　字数384千字　2017年4月北京第1版第2次印刷

购书咨询：010-64518888（传真：010-64519686）　　售后服务：010-64518899
网　　址：http://www.cip.com.cn
凡购买本书，如有缺损质量问题，本社销售中心负责调换。

定　　价：79.00元

序 Preface

　　我们今天所处的时代充满了惊奇和挑战，数字化和网络化缩短了世界各地的距离，增进了人与人之间的交流，也给我们带来了思维和行为的变化，加速了人类的优化和文明进程。

　　如今，我们无论处于何种环境，接触到何类知识，计算机这个具有强烈时代化特征的信息媒介都能以其归纳综合、演算储存、交互虚拟的特殊功能，放大和提升人们的想象力，超常推进人类的思想进程，而其达到的效果往往是出乎意料的，或者是超乎寻常的。为此，我们在数字化的世界里产生兴奋和意趣的同时，也会感到一定的困惑和纠结。

　　在这个飞速发展的时代，事物的变化速度往往是不以人的意志为转移的，是突变和转瞬即逝的。当人们在不断地适应这个环境，极力找到自己，又习惯于此而囿于此，安然地享受着计算机带来的一切便利时，却有这样一群人正在为这样的一种事态变化而欣喜若狂，他们就是我们这个时代的艺术家。

　　作为艺术家，他们敏感地发现电脑这一媒介的独特价值和迷人之处，发现这个领域中宽广的前景和未来的希望。他们与众不同，不仅仅用这个媒介去处理工作和生活事务，而是更多地用来表达自己对当下世界一切看法和心灵涌动着的那些智慧。

　　本书作者正是身在其中，努力将计算机及相关软件功能转换成自身艺术创造中的工具，并尝试着或者实验着去表达自己的思想。不仅于此，他们还将所掌握的知识和技术，根据教学需要传播到学生当中，成为新媒体艺术教育一个组成部分，也因此而产生了许多教育思想和方法，如今著述成册，形成了《交互动画设计：Zbrush+Autodesk + Unity + Kinect+Arduino 三维体感技术整合》一书。

　　该书通过交互艺术与传播媒介的发展，引发关于新媒体环境下交互性动画艺术的创新思维理念及案例，从概念设计、角色造型技法入手，逐步深入，向读者介绍了 Zbrush、Autodesk、Unity、Kinect、Arduino 等当前新媒体与交互艺术领域最前沿软件、硬件设备的实际应用途径与艺术开发手段，内容涉及从创意构思到内容实现之间的全过程，是当前交互动画艺术领域具有实践性和可操作性的教程。

　　新媒体艺术领域日新月异，艺术和创造性思维二者的结合将不仅带来两者各自领域的繁荣，而且还能拓展出超凡的能量，这个能量将会以迅雷不及掩耳之势拨动整个世界。我希望本书作者能够在新媒体艺术的浪潮中，掀起一朵浪花并蔓延出更多的涟漪效应，以新媒体艺术为媒介创造出更多可能。

天津美术学院国际艺术教育学院院长、教授

李志强

2015 年 11 月

前言 Foreword

在交互科技日新月异的时代，为动画形象赋予智能逻辑，在虚拟与现实空间中进行艺术语言的传达，是新时代实验媒体创作者的历史使命。而在智能移动媒介上，对动画及实验影像中的形象及情节，以互动的形式展现，在学科领域仍是一片蓝海。

本书从动画创作与传播媒介的发展角度出发，用创意的视角、交互式的协作手段、艺术化的造型方式、实验性的媒介表达，研究新媒体艺术语言，将以往熟知的绘画、影视、动画、游戏领域，进行创作媒介的综合嫁接，形成全新的、符合现代社会发展潮流，以及能够代表中国当代数字媒体发展新趋势的创作语言，探索新一代数字艺术制作人在现代媒介发展脉络中的坐标与定位。

与此同时，在当前体感交互广泛应用于生活和娱乐的潮流下，利用Kinect、Arduino、Unity等开源化软硬件和图形化编程工具，可以让更多的大众参与到DIY原创互动艺术作品的创作中，获得新颖的多维交互感受，从而使艺术更加贴近大众生活。

本书中所涉及的ZBrush是Pixologic在1999年开发的一款跨时代的3D软件，兼有2D软件的细腻绘制和3D强大的塑造功能，这些功能在《指环王》《加勒比海盗》《贝奥武甫》等影片的数字建模方面得到广泛运用。设计师可以通过手写板或者鼠标来控制Zbrush的立体笔刷工具，自由地以泥塑方式雕刻自己头脑中的形象。至于拓扑结构、网格分布之类的繁琐问题由Zbrush在后台自动完成。GoZ功能使其可以传送数据到其他主流三维软件。

Autodesk是全球最大的二维、三维设计和工程软件公司，在数字设计市场，没有哪家公司能在产品的品种和市场占有率方面与Autodesk匹敌。旗下的3ds Max、Maya、Mudbox、MotionBuilder是当前主流的三维角色制作软件。

Kinect是微软2009年6月在E3电子娱乐展览会首次公布，开发者们可以基于Kinect能感知的语音、手势和肢体信息，创造前所未有的互动性体验。

Unity是由Unity Technologies开发的一个让用户轻松创建诸如三维视频游戏、场景可视化、实时三维动画等类型互动内容的多平台的综合型交互开发引擎。

Arduino是2005年开发的一个基于开放原始码的软硬体平台，构建于开放原始码simple I/O开发板，使用开发完成的电子元件或其他控制器、LED、步进马达或其他输出装置，也可以独立运作成为跟互动软件沟通的接口，开发出更多令人惊艳的互动作品。

本书由赵杰、董海山著，陈正翔、孟奇对于本书的完成提供了很多帮助，在此一并致谢。同时，感谢天津美术学院李志强教授在专业教学和艺术研究上给予的巨大支持。感谢我的家人，他们默默的支持给予了我充裕的科研时间，是我精神和物质上的强大后盾。

本书侧重于对创新思维、艺术造型、交互实验的探索，对于某些程序和硬件技术上的研究有待进一步深入，希望各位专家、读者不吝赐教。

著　者

2015年10月

CONTENTS

目录

第7章　运用软硬件开发交互动画　　　　194

第1章

Chapter 01

动画创作与交互艺术

随着人类科学技术的进步，以及传播媒介的革新，艺术创作与展示的方式有了全新的变化。数字化动画，尤其是三维动画与交互技术的结合，给现代艺术创作带来了诸多可能性，也引领一代艺术创作流派的形成。这种艺术样式游走于实验艺术与科技创新的前沿，用新颖的科技手法表达着对世界与生活的思考。

动画与电影有着千丝万缕的联系，最早可以追溯到1824年马克·罗格特在英国伦敦公布了他的"视觉暂留"理论（图1-1）。19世纪末20世纪初动画片的诞生，经历了迪斯尼经典时期的传统二维动画的洗礼。到了20世纪80年代，随着图形图像技术和个人电脑的普及，CG（Computer Graphics）计算机图形技术逐渐融入到影视动画创作中，比如著名的科幻电影《星球大战》（图1-2）和《侏罗纪公园》（图1-3），都是早期应用CG动画技术的典型案例。随着媒介的变革，动画创作有了翻天覆地的变化。在数字化CG动画创作中，除了常见的手刻动画外，日益成熟的动态捕捉技术得到了广泛应用。

图1-1　视觉残留现象　　　　　　　　　图1-2　电影《星球大战》中CG模型

AR增强实境技术和VR虚拟现实技术逐渐应用于影视工业中，21世纪早期新一代摄制技术SimulCam协同工作摄影机的使用，就是AR与VR在影视制作的完美结合。SimulCam能够在摄影机进行拍摄的同时，将CG图像制作出的虚拟视觉内容与实拍内容实时合成，并呈现出来，帮助电影制作者更加准确和快速地拍摄大量带有VFX视觉特效的镜头（图1-4）。另外，一款名为Oculus Rift虚拟现实设备（图1-5），可以作为电子游戏设计的头戴式显示器，这款设备将给人们未来游戏的方式带来重大变革，Oculus Rift的外形让人想起了计算机图形学之父和虚拟现实之父Ivan Sutherland（伊凡·萨瑟兰）的The Sword of Damocles（达摩克利斯之剑），它是所有数字眼镜和虚拟现实应用程序的先驱（图1-6）。

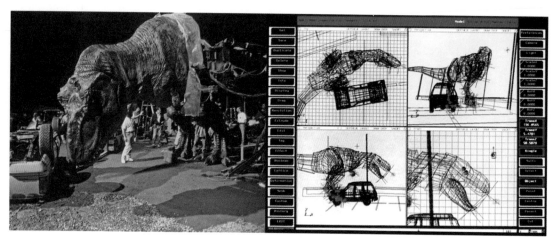

图1-3　电影《侏罗纪公园》中的现场道具和3D模型

图1-4　SimulCam

图1-5　Oculus Rift

图1-6　The Sword of Damocles

人机交互技术（Human-Computer Interaction，简写HCI）是人与计算机之间信息传递与交换的媒介。1959年美国学者B.Shackel从如何减轻人在操纵计算机时的疲劳出发，撰写了关于计算机控制台设计的人机工程学的论文，被认为是第一篇阐述人机界面（Human-Computer Interface）的文献。1960年，美国著名的心理学家和计算机科学家Liklider JCK首次提出人机共宿（Human-Computer Close Symbiosis）的概念，被视为人机界面学的启蒙观点。1969年是人机界面学发展史的里程碑，在英国剑桥大学召开了第一次人机系统国际大会，同年第一份专业杂志《国际人机研究（IJMMS）》创刊。20世纪90年代后期以来，随着高速处理芯片，多媒体技术和Internet Web技术的迅速发展和普及，人机交互的研究重点放在了智能化交互、新媒体交互、增强现实以及人机协同交互等方面，加强了以人为在中心的人机交互技术方面的研究。技术革新在理性地思辨，商业游戏触发表层的感官和认识，而技术与艺术的结合能触发人类深层次的心灵感知。

人机交互技术至今先后经历了气电机械操控时代、电子图形图像设计时代、网络互联时代、新媒体智能交互时代四个主要阶段。人机交互不只是技术的革新，在艺术创作领域，每个时代都有其杰出的媒体艺术创作代表。气电机械操控时代：以迪斯尼游乐园中的机械玩偶Animatronics为代表。电子图形图像设计时代：以乔治·卢卡斯的星战为先河，现在国内的新媒体艺术家，如缪晓春（图1-7）和张小涛（图1-8）将电子图形与当代艺术思考相结合，从事CG实验艺术探索。网络互联时代：像闪客皮三（本名：王波）（图1-9）和荷兰视觉艺术家Han Hoogerbrugge（汉·霍格布鲁格）（图1-10），都是利用网络交互平台进行艺术创作的典范。新媒体智能交互时代：台湾新媒体艺术家黄心健、豪华郎技工团队、图形化编程软件Mind+（MindPlus）开发者陈正翔、香港新媒体艺术家梁基爵以及大陆新媒体实验乐师孟奇，将媒体艺术实验进行了专业领域的跨界，以及软硬件的设备衔接（图1-11）。

图1-7　缪晓春作品《坍塌》

图1-8　张小涛作品《萨迦》

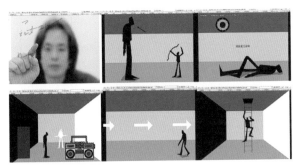

图1-9　皮三作品《连环梦》

图1-10　Han Hoogerbrugge作品集

图1-11　从左至右分别为黄心健、豪华郎技工团队、陈正翔、孟奇的代表作

1.1　动画创作与传播媒介的发展

　　人类是被工业文明驯化的野兽，进化到电子智能时代就变成了数码宝贝。而本节所要探讨的正是动画创作从何而来，发展在何方的问题。这里的动画创作不仅指传统的二维动画以及机械偶，更侧重于指用计算机生成的动态虚拟图像，而动画形象的传播媒介是指动画造型的制作

与展示的工具和方式。每一次传播媒介的发展，都伴随着硬件功能和软件技术的更新和突破，从而使动画的创作和展示方式发生质的飞跃。

1.1.1　动画创作与媒介革新：从传统到交互

动画创作从本质上讲，是对创作者内心世界的动态影视描述，是一个无中生有的创作过程，将创作者脑中的意象世界展示给观者。动画最早源于静帧按一定速率连续播放所产生的视觉暂留的幻象。早期的动画媒介利用了纸本、赛璐珞、物偶等材料，随着计算机科技的发展，数字技术融入了动画创作当中，而且经历了数字化二维动画和三维动画的阶段。随着智能化和可移动设备的出现，以及体感识别设备的融入，动画创作的媒介跨越了从传统到交互的时间维度。交互动画进行了跨界混合，蕴藏人性的科技艺术之美。

图1-12　Ivan Sutherland创造的
Sketchpad画板程序

1963年，计算机图形学之父和虚拟现实之父Ivan Sutherland（伊凡·苏泽兰）在其麻省理工大学的毕业论文中创造了Sketchpad（画板）这个程序（图1-12）。当时还处于穿孔卡片机的末期，这个程序已经有了初步的图像接口和CAD（Computer Aided Design，计算机辅助设计）的概念，它使用了早期的电子管显示器，以及当时才刚刚发明的光电笔。Sketchpad也是最早的面向对象的应用程序，如果拖动一个结点，所有与之相接的路径都会同时改变位置。同时，这也是第一个交互式电脑程序，是之后众多交互式系统的蓝本。

1973年，迈克尔·克莱顿导演的《西部世界》是首部以二维电脑生成图像技术（2DCGI）为卖点的电影。1976年，其续集《未来世界》是首部应用三维电脑生成图像技术（3DCGI）的电影。那些以电脑生成的手脸图像，是由犹他大学毕业生艾德温·卡谬（EdwinCatmull，皮克斯总裁）和佛列德·帕克所制作的。1971年，卢卡斯创立卢卡斯影业；1975年，卢卡斯为拍《星球大战》而创立工业光魔，这家公司是世界最顶尖的特效制作公司之一，在电影中用技术创造出了难以计数的经典镜头，同时也用技术大大推进了电影艺术的发展。1986年，卢卡斯电影公司旗下的工业光魔公司的电脑动画部被史蒂夫·乔布斯（Steve Jobs）以1000万美元收购，正式成为独立制片公司——皮克斯。2006年，皮克斯被迪斯尼收购。2012年10月，迪斯尼斥资40.5亿美元全盘收购卢卡斯电影公司。

在数字娱乐行业，像迪斯尼这样的龙头企业，除了从软件层面上推进动画的媒介革新，在硬件的智能交互发展上也做了深入的开发。在动漫游乐场，迪斯尼是Animatronic电动演员应用的先行者，是交互动画在硬件革新上的成功案例。Animatronics是Animation（动画）和Electronics（电动）的合成词，是利用电气、电子控制等手段制作电影需要的动物、怪物、机器人等的技术。《星球大战》中的R2-D2、《侏罗纪公园》中的恐龙、《勇敢者的游戏》中的狮子和蜘蛛，都是用Animatronics制作的演员（图1-13）。

Audio-Animatronics（发声机械动画人偶）是Walt Disney Imagineering（华特·迪斯尼幻想工程）的一个商标。这些发声机动实际上是一些机器人，它们的身体能运动和发出声音。新型的Audio-Animatronics配合计算机3D动画表情控制系统，可使机器人的表演更加惟妙惟肖（图1-14）。

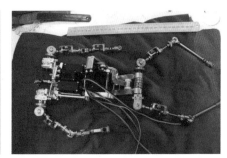

图1-13　Animatronics电动机械偶

图1-14　发声电动机械偶与3D表情控制

　　华特·迪斯尼幻想工程是一家独一无二、创意无限的公司。从最初构思以至装置建成，天才横溢的幻想工程师肩负迪斯尼所有主题乐园、度假区、游乐设施、邮轮、地产发展和区域娱乐项目的创作。华特·迪斯尼幻想工程的雄厚实力，来自该公司阵容强大的创作与技术人才，他们专长于140多项不同领域，而且彼此团结合作，充分发挥团队精神。随着计算机、软件、互动装置与技术的急速发展，加上决心和创意，令幻想工程师创造凭借电力发动来取代水力发动，令Audio-Animatronics人物自由走动。

　　Lucky（幸运儿）这个崭新的Audio-Animatronics人物，是华特·迪斯尼幻想工程经过长达五年的研究后推出的，它突破了科技与创意的界限，是迪斯尼乐园特色娱乐项目之一（图1-15）。随着Lucky的面世，Audio-Animatronics人物首次能够自由走动。它由阵容强大的工程师、动画师、计算机程序员及美术人员合力创造，栩栩如生，既会微笑、傻笑、大笑，亦会大叫、打喷嚏、喷气、喘气，有时候甚至会打嗝。Lucky聪明的"大脑"装置并不在那颗小小的脑袋里，而是在它拖在身后的那个漂亮的小花车中。

　　布公仔流动实验是香港迪斯尼乐园于2008年推出的五项全新的娱乐项目及游乐设施之一。火蜜瓜博士与尖嘴这对组合是Audio-Animatronics的最新成员（图1-16）。布公仔流动实验在行动和制造特别效果时，全靠自动车轮推动系统保持平衡。《海底总动员之Turtle Talk With Crush（哈罗阿古）》这是迪斯尼幻想工程师发明的互动游戏，它能让游客与《海底总动员》中的大海龟进行实时对话（图1-17）。

图1-15　发声机械偶Lucky

图1-16　布公仔流动实验

　　2012年11月，迪斯尼实验室公布了他们的最新研究成果：一台可以做出精准投球和抓球动作的人形机器人，值得一提的是，这台机器人主要是通过微软出品的Kinect体感游戏动态捕捉技术来实现对从手中抛出的运动物体的定位。按照迪斯尼的说法，他们开发这项体感动态捕捉技术技术是为了让迪斯尼乐园的机器木偶看起来动作更自然，更富于互动性（图1-18）。

图1-17　哈罗阿古

图1-18　Kinect体感抓球机器人

　　动态捕捉技术的出现可追溯到上个世纪。1915年，弗雷斯格尔发明了Rotoscope转描机技术，它是一种动画家用来逐格的追踪真实运动的动画技术。这种技术最早是把预先拍好的电影投放到毛玻璃上，然后动画家将其描绘下来。这个投影仪被称为转描机，Rotoscope技术可视为动态捕捉的原始形式，也是动态捕捉的先驱。不过，那个时候的动态捕捉是手工"捉"出来。弗雷斯格尔把这项技术用在了他的系列片《逃出墨水池（Out of the Inkwell）》当中（图1-19）。

　　20世纪70年代后期，计算机技术迅速发展，纽约技术学院计算机绘图实验室的Rebecca Allen教授设计了一种水银镜子，将录像带上的舞蹈演员的影像投射到计算机的显示器上，作

图1-19　弗雷斯格尔发明的Rotoscope转描机技术

为数字舞蹈演员动画关键帧的参考。1982年，麻省理工学院和纽约技术学院同时利用光学追踪技术记录人体动作。此后，动态捕捉技术吸引了越来越多研究人员和开发商的目光，并从实验性研究逐步走向了实用化和商业化。随着计算机软硬件技术的飞速发展，目前在发达国家，动态捕捉已经得到广泛的应用，成功地应用于影视特效、动画制作、虚拟现实、游戏、人体工程学、模拟训练、生物力学研究等多方面。实际上，动态捕捉的对象不仅仅是表演者的动作，还可以包括物体的运动、表演者的表情、相机及灯光的运动等。这一技术是目前表演动画系统中最关键、最复杂也是最不成熟的一个环节，也是表演动画系统不可缺少的部分（图1-20）。

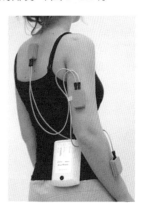

图1-20　光学式动作捕捉与惯性动作捕捉

1.1.2　交互艺术在新媒体中的传播

动画艺术与交互科技在创作与展示媒介上，除了常见的艺术展览，更多地进行了专业和行业的跨界探索，诸如在试验剧舞台、演唱会、行为装置、智能乐队、视觉魔术等领域。交互动画天生就具备跨媒体的特性，将视觉、听觉、行为等艺术样式融合、将新兴的媒介创作和展示技术加以合理运用，演化出独具一格的艺术表现形式。下面介绍交互艺术在新媒体中的传播案例与代表人物。

（1）交互动画与舞台展览

在数字化CG动画创作中，除了常见的手刻动画外，日益成熟的动态捕捉技术得到了广泛的应用。黄心健作为台湾地区著名的新媒体艺术家，将新媒体交互技法与时代的思考相衔接，创作一系列诸如"继承之物"的艺术展（官网：www.storynest.com）。黄心健使用Xsens惯性动作捕捉与3D打印技术，结合视觉与表演艺术的"继承之物"计划（图1-21）。

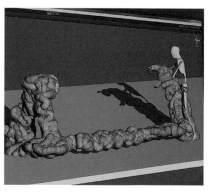

图1-21　艺术家黄心健的继承之物艺术展中采用的Xsens惯性捕捉与3D打印技术

　　为了要将舞者与背景无缝地融合，黄心健团队使用了3D主动式立体投影技术，与舞者搭配起来，让舞台背景有更大的景深和更真实的立体感，舞者的表演仿佛延伸到观众鼻尖，创造出一个恍惚触手可及的表演。科技反映的是人的理想与欲望。动作捕捉技术最早由美国军方用在战斗直升机上，让驾驶员的头部动作可以控制机枪的指向。黄心健想要探索的是，新的科技是否可以帮助我们，用自己的心灵为单位来去度量与纪录这时空。新科技通常被当作是人类文明改变未来的手段，而新媒体在艺术领域中开拓着新的美学与思维的分支。

　　新媒体与实验艺术在多领域的跨界组合，催生了像豪华郎技工这样的理工科背景的艺术创作团队。他们的创作颠覆了人们对科技艺术的想象，他们结合音乐、视觉、装置、文本等激发了无线创意，不仅邀请观众到美术馆晒太阳，还去法国乡村小镇，带领当地居民一起打太极拳，让科技艺术不仅好玩有趣，更发人深省。其中，延续两大创作脉络之一，"照顾计划"所发起的作品"日光域"别出心裁地回收寻常家居里的旧灯具，改造后装上LED灯泡，创造出具有阴晴圆缺的另类日照，营造多层次的思索角度。之后，他们走出美术馆，到台北宝藏岩、台南盐水月津港，甚至远到英国曼彻斯特，与更多群众对话。除此之外，豪华郎技工也透过跨域合作计划，与编舞家、舞者、戏剧演员合作，推出一系列实验作品，如《一日》《等于》《M》。并于2014年在高雄展览馆创作公共艺术作品《大未来之诗（Flight of the Future）》。为了持续给团队触发更多创作能量，不断挑战自我和追寻更宽广的创作视野，豪华郎技工与台新银行文化艺术基金会合作，开始《天气好不好我们都要飞》创作计划。将一支手工模型鸟，透过电脑3D影像运算之后，制成37200张空白鸟图画，其后他们用两年半的时间，走访258所小学，足迹遍布台湾各地与离海岛屿，让小朋友一起为艺术创作者，一笔一画引领无数个小小梦想勇敢飞翔。他们的创作游走于实验剧场、户外广场、学生涂鸦中，用独特的视角与睿智的思考定义着团队创新风格（图1-22）。

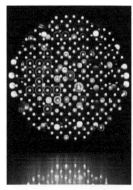

图1-22　豪华郎技工的作品《照顾计划》《大未来之诗》《天气好不好我们都要飞》

（2）交互艺术与音乐领域

1998年4月戴蒙·亚邦和吉米·何力特创立虚拟乐队Gorillaz街头霸王。在虚拟与实体交错综杂的21世纪，Gorillaz预言了这个世纪最酷的乐团走向。这支乐队是在偶像团体泛滥，有许多所谓实力派的英国乐手也罢因看不惯偶像团体降低英国乐界水准的背景下，由Blur主唱Damon Albarn（达蒙·阿尔伯恩）为主并隐身幕后代言，与知名卡通人物Tang Girl的作者Jamie Hewlett（杰米·休伊特）一起创作的四个具强烈城市HIP-HOP色彩的乐队成员形象。在第28届格莱美现场，Gorillaz和麦当娜的互动采用了全息投影（或称幻影成像）。全息成像是一种全新的视觉理念，它利用光的干涉和衍射原理，将物体发射的特定光波以干涉条纹的形式记录下来，然后再用衍射的方法使其再现，形成原物体逼真的立体像。由于记录了物体的全部信息（振幅和相位），因此可以预见，这项不用戴眼镜的立体成像技术将被广泛用于演唱会、时装发布会等（图1-23）。

图1-23　虚拟乐队Gorillaz街头霸王

2011年，音乐家和创新家奥尼克斯·阿善堤创作了"节拍爵士"这种行为装置作品。他的音乐由两个手持控制器——一个iPhone和一个吹口器组成，伴随着全身的表演。阿善堤在TED分享了他对新媒体的未来展望（图1-24）。

MakerFaire是美国Make杂志社举办的全世界最大的DIY聚会，是一个展示创意、创新与创造的舞台，一个宣扬创客（Maker）文化的庆典，也是一个适合一家人同时参加的周末嘉年华。2013年Maker Faire Tokyo（东京创客节）上，一个叫做"Z-Machines"的机器人乐队成为整个创客市集的明星。这个机器人乐队由两个机器人组成：摇滚吉他手Mach，可以用它的70个"手指"弹奏一把双颈吉他；未来派鼓手Ashura，可以同时敲击22架鼓。两位机器人明星High翻了全场，并连续做了十几场表演（图1-25）。

（3）交互艺术与魔术领域

在TED2012的Kinect增强现实魔术秀上，魔术师Marco Tempest（马可·坦布斯特）说过："我模糊了极度真实与极度虚幻的界限"。他的特长就是将高科技与魔术结合起来，通过研究开源软件来开发新的魔术数字工具（图1-26）。坦布斯特曾与大众分享了基于增强现实技术的投影追踪和绘图系统。此次，坦布斯特带来的Magic and Storytelling是一个以"说故事的由来"为主题的互动演讲，结合了实时增强现实与虚拟魔术。作品旨在通过交互式图像发掘并探索一种足够吸引且提高参与度的方式，来加强现场表演的精彩度。

图1-24　奥尼克斯·阿善堤
表演的"节拍爵士"

图1-25　MakerFaire创客节与Z-Machines机器人乐队

此互动项目由坦布斯特与Onformative、Checksum5两个工作室共同完成。为了达到数字与物理原理相结合的魔幻效果，Onformative工作室开发了不同种的专属粒子系统。其中包括基于Kinect深度图像控制的Global Magic Dust（全局化魔术烟尘）；通过粒子发生器跟踪手势，来强调坦布斯特的手部动作的Hand Magic Dust（手部魔术烟尘）；以及捕捉每个不同元素，如人物身影、原型、飞行火球、由粒子构成的子弹等的Custom Magic Dust（自定义魔术烟尘）。虽然坦布斯特只进行了短短的6分钟展示，但对于交互式的实时效果有着一系列的苛刻要求，比如手势跟踪、脸部追踪、人脸替代、粒子系统、三维空间里的元素等。同时，VVVV技术（vvvv.org）的开发者、Checksum5工作室的Tebjan Halm和Enrico Viola还提供了额外的技术支持与研究。

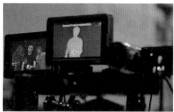

图1-26　TED2012大会上魔术师Marco Tempest的作品Magic and Storytelling

新兴艺术形式多源于科技水平的革新。动画创作在传播媒介的革新依附于一个大的时代，每次工业革命都会对传播媒介的革新产生巨大影响。当前新一波的产业革新"工业4.0"悄然开始。工业4.0（Industry 4.0）是德国政府《高技术战略2020》确定的十大未来项目之一，并已上升为国家战略，旨在支持工业领域新一代革命性技术的研发与创新。工业4.0战略的三大组成就是智能工厂、智能生产和智能物流。智能的制造业将成为第四次工业革命的主导。智能物流通过智能获取技术、智能传递技术、智能处理技术和智能运用技术，将促进区域紧急的发展和资源的优化配置，从而改变人类的生活。比如，亚马逊公司已开始尝试利用小型无人直升机Prime Air提供更快速、直接的进行配送服务（图1-27）。

图1-27　工业4.0时代的智能控制车间与无人机快递

在巨大的智能工业变革时代背景之下，交互实验艺术是人类时代新思潮的形象表达。Kinect作为交互信息处理的载体、Arduino以及图形化编程工具作为软硬件设计的载体、Unity3D作为新媒体发布的载体，这三大板块顺应当前体感交互的生活和娱乐的发展趋势，可以使更多大众参与到DIY原创互动艺术作品的创作中。在实际制作中，人们可以运用先进的数字造型工具，自主进行原创造型的数字化设计和形态塑造，之后在Unity3D多元化交互引擎发布平台，结合Arduino开源开发板平台，以及当前流行的Kinect体感外设，进行传感信号交互与动作实时遥控角色的艺术创作（图1-28）。

图1-28　利用Zbrush、Autodesk、Unity、Kinect、Arduino创作3D交互动画角色

1.2　交互动画设计中的图形化创新思维

对于交互动画设计的学习，要避免走只学习技术，忽视艺术创作的弯路，确定以创作带动技法学习的原则，不局限某种特定的CG（Compute Graphics，计算机图形动画）技法，注重把2D、3D、影视、交互的技法相辅相成，融会贯通。交互动画设计的学习，要突出美术造型、动态创意思维以及图形化交互设计这三大特色。

图形化创新思维主要涉及美术造型、影视艺术、媒体传播、电脑CG技术等多个领域，需要具备美学、传播学、创意思维学的知识背景。图形创意的动态化，使图形化创新思维和创意媒介在艺术、设计、影视中一脉相承。对此，我们可以联想到达利、马格利特、埃舍尔、福田繁雄、今敏等图形影像创新大师。

达利的绘画以"奇特""怪异"著称，给人们留下深刻印象（图1-29）。其作品带给人们的是惊讶，让人们感叹他的才华、他创作的思维方式、他的观察方法与其他画家不同，是一种荒诞的梦境、一种意识的对话。

马格里特是比利时超现实主义画家，画风带有明显的符号语言，如《戴黑帽的男人》。他影响了当今许多插画家的风格，其作品经常将画面元素的属性进行互置（图1-30）。

埃舍尔自称为一个"图形艺术家"，他专门从事木版画和平版画。他的作品充满悖论、幻觉、多重意义、二维和三维空间互换，让人真正感受到"眼见未必是实"。人们发现，埃舍尔30年前作品中的视觉模拟和今天的虚拟三维视像与数字方法非常相像，而他的各种图像美学也几乎是当今电脑图像视觉的翻版，充满电子时代和中世纪智性的混合气息（图1-31）。

日本平面设计教父福田繁雄先生既深谙东方传统，又掌握现代感知心理学。他运用正负形、异体同构、矛盾空间等视错觉图形设计手法，以视觉符号的形式重现在平面设计上，并将这些原理以客观和风趣的形式呈现，使简洁巧妙的图形成为信息传递的媒介（图1-32）。

图1-29　达利的绘画

图1-30　马格里特的绘画

  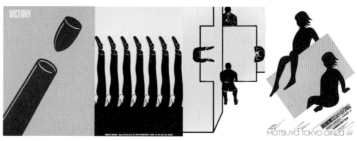

图1-31　埃舍尔的绘画　　　　　　图1-32　福田繁雄的作品

福田繁雄将意料之外、情理之中的各个元素巧妙组合，营造出奇异的视觉世界，在看似荒谬的视错觉形象中，给观者带来视觉上新的解读，透出一种感性的艺术美与理性的逻辑精神。

日本著名动画导演今敏，为了表现人的复杂而神秘的精神世界，吸收了意识流电影的创作手法。他的动画电影《红辣椒》，在奇幻空间中，利用叠加、穿插、重影等手法，营造出扑朔迷离的情境。今敏的动画电影好像天生就是表现奇幻梦境的载体，将理论上晦涩深奥的超现实、精神分析、无意识空间、梦境解构等概念变的可视化，并在影片中表现得淋漓尽致，也成为视

图1-33　今敏的动画《红辣椒》

错觉研究的案例资料。今敏依据主人公的心理活动来切换镜头，巧妙融合了过去和现在、梦境与现实、虚幻与真实的时空元素，让观众在影片里一起穿梭于现实、回忆、幻觉、梦境之间，利用动作、声音、现实景物和心理幻象中的相似特性进行转场，视错觉与幻觉制造出电影的心理错觉，产生出白日梦的感受（图1-33）。

导演诺兰的《盗梦空间》中翻转的城市建筑让人联想到《星际穿越》中圆筒形空间站，视错觉与多维空间在诺兰的电影中表现得淋漓尽致。《盗梦空间》中还利用镜子制造视错觉效果。对德比尔哈克姆桥的实景参观，触发了特效团队制作了巨大的玻璃的灵感。他们把锁链连接起来，将镜子放在桥拱之间，以便影片角色控制铁桥下的一对巨大的玻璃门的转向，制作出穿越塞纳河的一个反射通道，营造出走廊里两个镜子无穷级数反射的效果。这个概念将真实的力学效果与视觉特效相结合，让观众产生不断的遐想（图1-34）。

图1-34　诺兰的电影《盗梦空间》

　　对于交互动画创作，不论是角色设计，还是情节编配，这些内容在脑海中总是先以图像的形式显现，然后借由语言与文字进行描述，再根据描述转化成设计形象。然而这种"图形、文字、图形"的方式，势必会带来信息的失真。而在实际的动画设计，特别是短片的初期构思时，可以借由图形化的创作工具，将脑海的形象快速呈现到眼前，这便是图形化创新思维的优势所在。

1.2.1　思维导图

　　思维导图提供给人们一种发射式图形思维，较之传统的线性思维有着明显的优势与互补性。思维导图以字符、图像、声音这三种媒介体现在图形图像创作构思中。运用创意导图来分析影片的思路构架，以及构思动画项目与创作，思维导图为影视创作者提供了一种将文学式的字符描述进行图解视觉化的新手段。它是一种可视化快速构思，探寻视觉创意元素的组织脉络，构思故事、设计分析人物特征，帮助创作者布局谋篇。在交互媒介蓬勃发展，以及三网合一的时代，思维导图将以其便捷有效的导图思维方式，在新媒体创作构思中发挥更为显著的作用。

　　思维导图的创始人托尼·巴赞（Tony Buzan），是国际闻名的大脑先生，英国头脑基金会的总裁。其在大学时代便开始探究一种新的思想或方法来解决人们在吸收、整理及记忆信息时遇到的困境。1971年巴赞开始将他的研究成果集结成书，慢慢形成了发射性思考（Radiant Thinking）和思维导图法（Mind Mapping）的概念。巴赞指出："传统的文字记述方法只使用了大脑的一小部分，因为它主要使用的是逻辑和直线型的模式。"思维导图是将传统的文字记述进行了图解，图像的使用加深了我们的记忆，因为作者可以把关键字和颜色、图案联系起来，这样就使用了作者和观者的视觉感官。左脑处理逻辑符号，右脑处理图像图像。思维导图可以

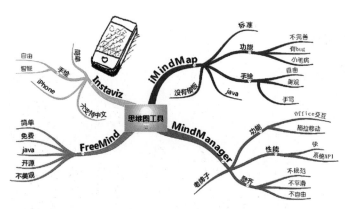

图1-35　思维导图常见应用软件

有效地将左右脑的功能串联起来，相互配合，更有效地进行表达。

思维导图常见的应用软件有MindManager、iMindMap、FreeMind、Instaviz。其中iMindMap是由思维图发明者巴赞监制开发的，iMindMap的界面展示着四款导图软件的优势（图1-35）。

直线思维与发散思维存在悖论现象，那就是作者撰写文章与观众阅读基本上是从前往后的线性式的，而一些创意导图的思维方式是跳跃式的，更确切地说，是节点式的多元关联。当使用传统的文字方式描述节点式创意导图的案例时，就感到捉襟见肘，无法有效地将创意导图的案例阐释。其原因在于，创意导图和文字叙述在构思与记录上的逻辑差异。

创意导图所倡导的节点发散式思维方式与传统的线性思维在工作与生活中有许多参照案例可以进行比较：

软件操作方式中的层级操作与节点操作。例如，视频剪辑软件Adobe的Premiere与Eyeon的Fusion；3ds Max的Compact Material Editor与Maya的Hypershader（材质编辑器）（图1-36）。

电影与游戏。电影重在在描述记录，游戏重在在互动测试。"在非货币经济中，产消合一者的创新发明帮助创造了今天的200亿美元的电脑游戏产业。许多人也许会感到吃惊，因为这个产业竟然比好莱坞的电影工业还要强大。"托夫勒在《第三次浪潮》中提出了，将生产和消费功能在个人行为中合而为一的产消合一（Prosumer）概念，这个概念反映着游戏的开放与互动的产销理念。此外，游戏的关卡和电影的关键情节，犹如关联的节点，引导受众探寻最终的答案。

传统的查阅纸质字典材料与网络搜索。网络搜索的代表维基百科和百度百科，是受众自我知识量的汇聚，传播学上称之为"人类大脑的延伸"。这是一种以搜索关键词或概念，引发的节点式网状知识资源获取方式，较之传统的字典查阅，扩展了人们的咨询搜索空间。

由以上三组对比，我们能感受到当今社会的一些新的思维特征：网状节点、互动开放、可视图解化。由此我们进行第四对比较：传统文字叙述与思维导图在写作构思方式上的比较。

（1）传统写作方式的困局

当我们拿到一叠文字剧本时，面对茫茫字海，有时需要花费大量时间搞清故事脉络及人物关系，而且经常会碰到传统写作方式中，因作者与受众在信息上的不对接，而产生的迷失诉求主题、思维混乱、没有主次层次、文不答题、词不答意等现象。比如用Office Word编写的文章，提供的是一种完整的叙述形式，供观者进行理解。这是一种令观者较为被动的写作方式，有

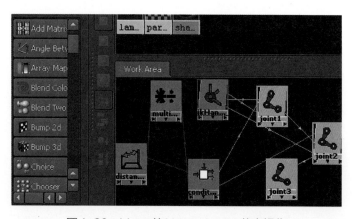

图1-36　Maya的Hypershader节点操作

其优点，即阐述完整。其缺陷是埋没了关键词、不易记忆、耗费时间、缺乏关系脉络。传统写作的常用线性表达在某种程度上阻碍大脑的跳跃式联想，消解和抑制思维的创造性。

（2）互补的构思方式

传统文字叙述中，作者在叙述，读者在抽取关键信息；思维导图中，作者在导引图解关键信息，读者在进行链接整合。以MindManager、iMindMap、FreeMind等为代表的节点式导图构思方式，其优势在于：抛开现象看本质、主要脉络，思维构架，搞清来龙去脉，抓住事件的核心理念。在写作方式和阅读理解方式上，以Word与MindManager为代表的传统思维与节点思维是互补的。

思维导图和文字叙述是两个可逆的写作构思方式，具有很强的互补性。思维导图是一种类似于电脑主板的放射性结构，中心理念可以比照中央处理器（CPU）。从中心理念出发，各构思素材相互关联，既有"串联"上下层级结构和因果推理，也有"并联"的平行要素列举，还有各个主子层级之间跳跃式关联，就此编织出一个逻辑关系网。谈到思维导图的信息集散功能，它是以放射性思考（Radiant Thinking）为基础的收放自如的方式，如同渔网、河流、树、树叶、人和动物的神经系统、管理的组织结构等，铺展整个思维构架。

对于托尼·巴赞的思维导图，其明显特征是：图的中央有一个核心，这可以类比动画剧情片的故事理念。思维导图多应用在对多源头咨讯的记忆与研究；剖析与展现复杂对象的内在结构；头脑风暴唤醒人的创造力；以及影视分镜图解。

思维导图，亦称心智图，广泛地应用在动态视觉创作中。其应用在字符、图像、声音这三种影视媒介之中，就形成了思维导图在影视构思中的三种体现形式。字符，在不同语种或行业中，有语种局限。图像，直观生动。声音，具有空间感和穿透力。文字、声音、图像，这三种媒介又可以在感觉上相通，进行跨界联想，展示与传递一种多维视听感受。

（3）信息可视化

在讨论思维导图在影视创作中的应用案例之前，我们先比照分析一个音乐信息可视化的有趣案例：1940年迪斯尼的《幻想曲》（图1-37）。Walt Disney抛弃了影片的叙事性而首次尝试无情节的动画片创作，试图为观众展现"听得见的动画片"和"看得到的古典音乐"。他与著名指挥家史托科夫斯基（Leopold Stokowski）合作，以八段古典音乐为影片背景，利用动画片来阐述导演对这些音乐的理解。同时为观众解释了三种音乐类型：绘画性音乐、叙述性音乐、抽象音乐。

在1989年Robertson Card（罗伯特·卡德）和Mackinlay（麦金利）发表的文章《用于交互性用户界面的认知协处理器》中，信息可视化与音乐可视化的概念正式提出。该文认为，信息可

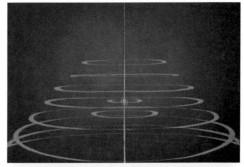
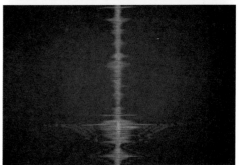

图1-37　Walt Disney迪斯尼的《幻想曲》

视化是利用2D和3D动画对象来表示信息和信息结构的技术。播放软件Winamp"让音乐也能看"，其AVS（Advanced Visualisation Studio）高级视觉效果系统，通过视觉效果插件，可以让用户在用耳朵欣赏音乐的同时，还能用眼睛直观地感受到音乐的节奏和力量。那些光怪陆离的线条、奇特万千的颜色，让人充满幻想。

（4）影视构思中的导图应用

类比以上《幻想曲》中，音乐信息转换为视觉符号所展现出的独特魅力，思维导图为影视创作者提供了一种将文学式的字符描述进行图解视觉化的新手段。思维导图是一种可视化快速构思，应用在影视创作中，可以构思故事、设计分析人物特征，对布局谋篇很有帮助。导图的构思形式，不论是戏剧结构式还是文学散文式，都是由诸多故事要素组成的，为传达中心理念服务。理念的生成需要某些灵感的激发。

（5）创意触发点

某个词语、某种理论、某段往事、某场梦幻、某个人、某个地方、某种情感，或是这些因素的跨界杂糅，都能触发创作者的灵感。运用导图整理思维的目的是将灵感寻本溯源，揣摩出核心理念和价值诉求。

1.2.2 用图形化思维构思交互动画设计

思维导图可以从分析艺术创作构思入手，看到创作的主要脉络，进而培养创作者构思动画类作品的能力。下面以《迷墙》和《盗梦空间》为例，分析影片的思路构架，和对幻想与梦境的经典阐释与表现。

导演艾伦·帕克的音乐电影《The Wall（迷墙）》以其超现实主义的影像、丰富的象征、深邃细腻的心理内涵、鲜明的质疑和批判精神，在东西方产生巨大影响。此片开创了MTV先河。利用思维导图，可以对其剧情做梳理与分析，从而使原先没有理解的影片含义与错乱的情节，变得清晰可见（图1-38）。

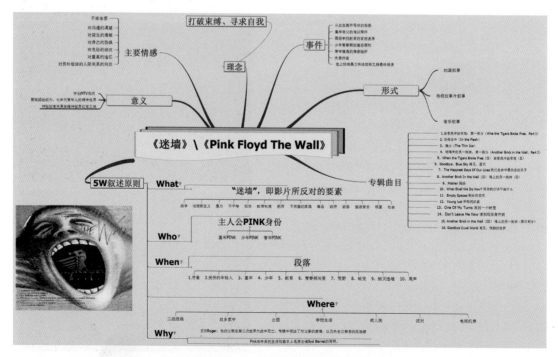

图1-38　艾伦·帕克的音乐电影《迷墙》解析

《盗梦空间》的主线是主角Dom Cobb（Leo DiCaprio）对妻子的愧疚，在穿越各类梦境时，超现实的情境创造出一种奇异不安的微妙感觉。《盗梦空间》时间线在叙述主人公的行进路线上，有一幅导图更能让人体会导演、编剧在情节架构上的巧妙设想（图1-39）。

用思维导图的方式构思动画创作时，谈及构架思路的必要元素，会涉及两个关键词：理念和物象。理念，体现为感受、观点、道理、印象。物象，映射着外部世界与内心世界。生活是面镜子，而破碎的镜面，折射着很多关联的情境，拼凑出一个主观的印象。

构思导图的一般步骤：① 确立中心理念，② 引发结构图谱，③ 整合串联素材，④ 理清叙述脉络和顺序。下面以两个案例对运用导图进行创作构思进行说明。

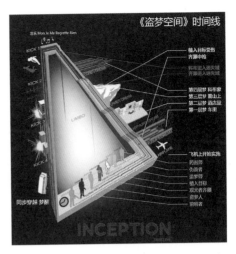

图1-39　电影《盗梦空间》时间线解图解

 **案例一　动画《星缘（Star.Origin）》**

《星缘（Star Origin）》是天津美术学院动画系师生团队独立原创的科幻题材动画作品，其核心概念是用中国传统理念去阐释宇宙、行星之间的神秘联系。生物的多样性是形象设计的理念来源，由此创作者设计出了许多有趣且颇具创意的故事情节以及动漫造型。在编制整个星缘的故事体系时，剧组分别从角色的基础特征与叙述的基本事件两方面入手，阐述对传统文化中相生相克理念的理解。下图为项目初期，对主要角色性格描述的思维导图，以及转入到动漫造型阶段后的二维人设和三维模型（图1-40）。

图1-40　原创动画《星缘（Star Origin）》思维导图与角色设计

案例二　动画短片《钓鱼》故事构思

　　《钓鱼》这个故事讲述的是对人性中的贪婪和工业污染后果的警示。一个捕鱼者在无休止地捕捞鱼时，离奇地被一头硕大的鱼吞掉，进入另一个奇幻空间。在那个世界，表面看来甜美宁静，然而到处充斥着变异的鱼种。主人公坠落到一朵巨大的"棉花糖式"的蘑菇云上，云朵之下的海面上漂浮着巨大的垃圾岛。在一种不安的气氛中，空中游动的外形古怪、体制异化鱼群逐渐对主人公产生敌意。伴随着外空陨落的污染源与怪鱼神秘闪蒸，一种恐怖与荒诞情景让主人公走投无路。片尾，一条拉钩从天而降，是救赎还是陷阱，主人公陷入抉择。创作灵感来源于"三一一日本地震"所引起的核泄漏事件对海洋生物的危害和海啸造成的垃圾岛，以及工业进程中，人类对海洋的破坏与污染。"棉花糖式"的蘑菇云和异化的鱼群，警示着核危害的后果，象征着现代工业污染对生物的蚕食。

　　对此短片的故事构思，我们运用思维导图应用软件iMindMap，以故事题目为源头，牵引出理念、5W原则、情节设计三条主线。并在关键的情节场次配图说明（图1-41）。在导图中，整个故事要素清晰明确，借助发散与创意的手段，丰富和深化主题。在视觉创意元素的探寻上，运用空间气氛与周围生物构造的不和谐，制造出一种图影上的极端与冲突，传达出一种不安的情绪。在灰暗海面，捕鱼者被怪鱼吞下后，就进到一个"甜美"的奇幻空间，然而被电子腐蚀的变异鱼种体现出的乖张造型，与甜美环境构成了强烈视觉反差，增加观众的不安感受，传达着对环境污染问题的警醒与反思。

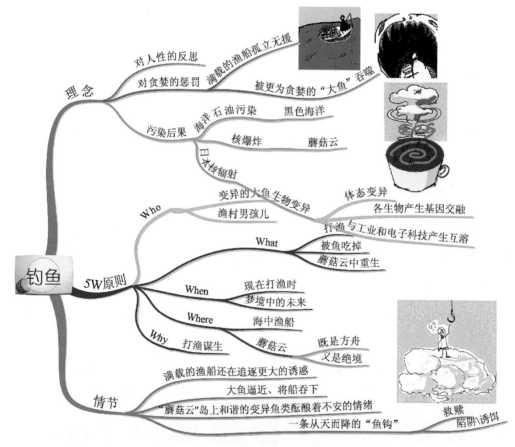

图1-41　图解短片《钓鱼》情节构思

1.3 交互动画创作案例

交互艺术起源于人机交互技术在人文艺术领域的应用。人机交互英文全称为Human-Computer Interaction，简写为HCI。人机交互主要用于研究人与计算机两者之间信息传递与交换的媒介与方式。1960年，美国著名的心理学家和计算机科学家J.C.R. Licklider开创了人机界面学的启蒙观点"人电脑共生（Man-Computer Symbiosis）"。随着高速处理芯片、互联网和多媒体的革新与普及，人机交互（HCI）先后经历了气电机械操控时代、电子图形图像设计时代、网络互联时代、新媒体智能交互时代这四个主要阶段。进入21世纪，人机交互的研究重点逐渐转入智能化交互、新媒体交互、增强现实这些人机交互领域，加强了以人为在中心的交互研究。人机交互不光是技术的革新，在艺术创作领域，每个时代也有杰出的交互艺术代表人物。交互技术在影像创作上的影响主要体现在新科技的应用和实验语言的探索这两方面。它们从当代互动媒介与高科技数字平台出发，研究新的媒体艺术表达语言，使欣赏媒体艺术的观众，获得新颖的多维感官感受。

交互式的跨媒体传播带来了创作的人文思考。传播的载体更新带来了影像创作的变革。20世纪60年代，当电视逐渐作为主流传播媒介，韩国实验影像艺术先驱白南准就通过电视成功地视觉幻像、技术理念和娱乐价值观结合在一起。20世纪末的互联网大规模应用拓宽了影像艺术传播的途径。英国前卫导演彼得·格林纳的影像创作《塔斯鲁波的手提箱》除了每部长达120分钟的电影3部曲，还包括电视剧、书籍、展览、光盘，以及为期四年的网络艺术画。网站当然是这部作品的一个重要组成部分，网络艺术将导演在电影中无法创造出的虚幻空间逐步实现。格林纳威将所有电影无法表现的情节放在网络上，网络搜寻者可尽情发掘塔斯鲁波的生平事迹。通过电影以外的多种媒介，观众不再仅仅是坐在电影院里面的观众了。格林纳威这种"目录式的电影"通常没有叙事或年代，情节也没有开始、中间和结束。格林纳威认为各式各样的人都来开发电影，但他们并不一定对电影美学感兴趣，或者对发现新的美学感兴趣。格林纳威团队创造了一幅跨越时空的画面，影片《塔斯鲁波的手提箱》与铀的历史相关，可以说铀元素和它关联的核裂变在20世纪下半叶起扮演了非常重要的角色。因为铀的原子序数是92，因此故事的时间跨度为92年，主人公这一生中需要打开或填满92只对他人生具有重要意义的手提箱。格林纳威认为电影是展示技术和梦幻的机器，并引发人们深层次的思考。

交互式媒介创作带来了虚拟与现实的同台展现。一种是现实混搭虚拟的全息影像技术，另一种是虚拟照进现实的扩增实境（VR）。全息成像是一种利用了光的干涉和衍射原理，呈现原物体逼真的立体像。全息投影技术多应用于影视制作、军事和医疗领域。既有Zebra Imaging和RealViewImaging这种专做全息图技术，也有Musion Eyeliner利用佩珀尔幻象（Pepper's ghost）研发的全息投射技术。第28届格莱美现场，英国百代EMI唱片公司的虚拟乐团Gorillaz（街头霸王）和麦当娜的互动采用了Musion Eyelinerde的幻象投影。Gorillaz由美国著名漫画家Jmaie Hewlett担任人物造型。在这些虚拟艺人身上我们能看到《猜火车》《香港制造》等当下次文化的缩影。增强现实（Augmented Reality）是虚拟现实（Virtual Reality）领域中派生出的，两者略有不同。虚拟现实侧重创造一个数字幻象世界出来，而AR则偏向虚实结合。卡梅隆在《阿凡达》中研发的合成转向摄像机就是VR虚拟现实拍摄系统的典型代表；而央视2014年巴西世界杯《豪门盛宴》虚拟演播室则是AR技术的直观案例。在游戏交互开发中，高通研发的Vuforia与Unity结合，将AR虚拟元素实时加入游戏的实景画面中。全息影像和扩增实境技术融合了影视制作中现实与虚拟之间的界限。

在交互艺术创作中，真人演员与虚拟角色界限愈发交融。交互技术的革新不仅体现在媒体发布上，而且已深入到影片制作中。在拍摄与制作环节，角色是首要构成要素。影像创作中并非所有的角色都由真人表演，在造梦的机制中，产生了许多奇异的角色。为了赋予他们生命，电影人需要借助各种技术手法，其中交互技术的运用，是提升角色表演控制力的利器。依据技术发展阶段，影像中角色的交互控制经历了从电气机械到数字智能的历史跨越。

在交互艺术创作的气电机械操控时代，Animatronics是其典型代表。Animatronics是Animation和Electronics两个单词的合。其利用电气化控制手段制作电影需要的动物、怪物、机器人等角色，像我们熟知的《星球大战》中的宇航技工机器人（图1-42），以及《勇敢者的游戏》中的蜘蛛就是采用了Animatronics技术制作出的气电机械化演员。在星战影片《绝地大反攻》上映后的10年间，卢卡斯及其ILM（工业光魔特效公司）继续拓展电影拍摄技术，其中重大的革新便是电脑动画。由于有了电脑动画CGI在银幕上呈现逼真的画面，从而开启了交互艺术创作的电子图形图像设计时代。1993年的《侏罗纪公园》，便以ILM设计的电脑动画恐龙为主角。CGI特效的进步，让卢卡斯可以回顾先前三部星战电影，以数码技术弥补无法达成的部分。在1997年的《星球大战三部曲·特别版》中，卢卡斯重新制作了一段，1976年原版《星球大战》中拍好，但无法完成的赫特族贾霸的场景。动作捕捉技术从20世纪80年代末由军用领域逐渐应用于影视角色制作中。1990年，影片《全面回忆》中表现主角经过X光扫描时的镜头，是动作捕捉技术的银幕首秀（图1-43）。短短几秒钟的镜头是通过Motion Analysis公司提供的"有线式"动作捕捉技术实现的。之后动捕技术得到长足的发展，如电影《泰坦尼克号》中人物从船上跌下来的动作和《星球大战三部曲·特别版》中的外星人的动作。

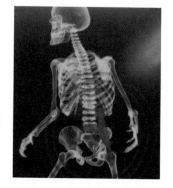

图1-42　影片《星球大战》幕后制作　　　　　　图1-43　影片《全面回忆》

现今动作捕捉技术主要有机械式、声学式、电磁式、惯性动态、光学式五大类。《猿球崛起》中的动作捕捉就采用了红外线LED主动式光学捕捉，动作捕捉演员可以在户外进行实地表演，固定在演员身上的LED与动作捕捉系统的相机快门相协调，会闪烁地发出短促而强烈的红外线，为系统拾取一个良好、干净的标记信号。《猿球崛起》还使用面部信息解算工具Solver，进行面部匹配和皮肤纹理的制作，户外动捕与表情采集技术让影片中猩猩在银屏上活灵活现。交互技术的革新推动了角色表演的真实性。此外，动作捕捉这种交互式拍摄技法，还要根据在实际的片场的特殊要求做出更新调整。ILM在制作《加勒比海盗》时，面临潮湿、阴暗、雾气蒸腾、人员众多的户外拍摄现场，其研发部门使用多台高清摄像机，利用光路可逆原理，开发一套可以用于实景的镜头动作捕捉技术（Image Based Motion Capture，简称iMoCap），直接从摄像机拍摄的视频图像中识别人物动作，几乎不受环境的限制。iMoCap动捕技术在片场得到广泛使用，2014年ILM在制作《忍者神龟》里的iMoCap还加入QR Code二维码技术来提高识别准确性（图1-44）。

图1-44　影片《猿球崛起》《加勒比海盗》《忍者神龟》中的动作捕捉技术

微软在洛杉矶E3电子娱乐展览会发布的体感摄像头Kinect，成为微型数字化电影角色动作设计强有力的创作工具。Kinect体感设备的研发开创了继鼠标和多点触摸之后，第三次人机交互革命的新纪元。Kinect现有两代产品，分别采用了Light Coding（光编码）和Time of Flight（光线飞行时间）技术。利用软件Ipi Soft配合微软的Kinect或者索尼PS Eye这类红外体感摄像头，可以实现无标记动作捕捉。新加坡Richmanclub工作室的短片《小弟的机器人》和2014年上映的《活死人之夜：3D起源》是无标记动作捕捉的代表作。

虽然表演数据的捕捉和采集越来越先进，然而一些影像信息认知上的烦恼也随之出现。在电影表现里人的因素是重点表现，而人物表演中面部是关键，表情塑造时眼里眉间是点睛。1906年德国心理学家恩斯特·詹池在《论恐惑的心理学》一文中提出"The uncanny valley（恐惑谷）"一词，因其观点被弗洛伊德在1919年的论文《恐惑谷》中阐述而成为著名理论。20世纪70年代日本著名机器人学专家森政弘提出"恐惑谷假说"。森政弘指出，在类人物体不断的人格化过程中，人类对于其情感或存在一种递增过程中突然衰减的现象。例如影片《贝奥武夫》在人物外形塑造上远超同时代作品，虽外形逼近真人，但面部表情不生动，特别是眼角眉梢没有传达神情，因而让观者陷入排斥心理。相比之下，《本杰明奇事》采用了Mova Contour捕捉系统，生动细腻的表情让观者难辨真假。超写实的人物造型我们视为同类，往往采用审视的眼光，风格化和异想天开的造型我们视为异类，我们采用观察。而人类天生惧怕死亡，所以当超写实的人物造型没有生气的表情时，就会让人产生类似对僵尸的厌恶感。这与时下流行的脸基尼游泳者会吓到周边的人，有着相同的原因。身形举止越像人，而面部却越缺乏合理的表情信息，就产生了"脸基尼效应"。基于人类对影片角色形象上的认知，数字角色制作者要注意表情的重要性，做到画龙点睛（图1-45）。

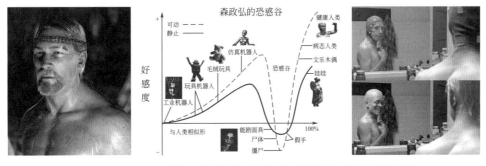

图1-45　运用恐惑谷理论分析电影《贝奥武夫》与《本杰明奇事》

1.3.1　网络交互动画

1996年，是互联网高速发展的一年，程序设计师乔纳森·盖伊开发出网络矢量动画的工具Flash的前身——Future Splash Animator，其出现突破了互联网的平面浏览模式，不久被当时的微软和迪斯尼看中，用来在其Web页上放置部分动画内容。这个软件具有流式播放和矢量动画的独特优点。Flash带有浓重的互联网气息，这种交互式传播媒体的出现催生了网络领域的实验影像实践。网络动画缘起于网际网络热潮发展之际。网页上之图片，由原本单纯的JPG图档格式，发展成多张连续的GIF格式，进而发明Flash软件，开展出网络动画的新局面。Flash是美国著名的Macromedia公司推出的动画制作与网络开发软件，它从一开始就受到广大设计师的青睐，现在Flash已经成为一个独立的、综合的、基于矢量的设计和开发软件，并被全球数以百万计的开发和设计人软所使用。由于网络动画档案大小与网络传输时间的考虑，往往制作品质与播放长度与影视动画之规格有很大的差距，目前，对于创作者要求其既具有创作灵感又兼备技术深度是一件很苛刻的事。在科技基础相对发达的西方国家，以及像韩、日等国的艺术家中，对于视觉传达的把握是很讲究的，视觉媒体与艺术创作的结合的原创性很高。

这里要提到的是荷兰视觉艺术家汉·霍格布鲁格，他1963年生于鹿特丹，并在这所城市的艺术学院学习绘画，毕业后，他进行了一系列尝试性的工作，在绘画、插画、雕塑等不同媒介中进行探索；1996年，他创作了一套反映艺术家所面临的如何展示和出售自己作品的日常问题的连环漫画，并使自己一举成名。

1997年，在接触到因特网后，汉·霍格布鲁格逐渐熟悉了超文本语言和基本的操作流程。他意识到因特网并不是静态连环漫画的最佳媒介。在创作了《公路奔跑者》和《巴维斯与巴特海德》两部作品时，他开始了这门学科的实验性的探索，1998年，汉·霍格布鲁格应荷兰电视公司Vprode的邀请，致力于创作系列影片《神经病》（1998～2001年），这部网络版的动画，运用了实拍形象转为简单的GIF的图像技术。从他的作品我们可以感受到他对这个时代富有生命力的元素的探索。正如他的自述："通过我所塑造的角色形象化地展现这个时代的精神内涵，而实现这一切的最佳途径不是语言，而是图像。"音乐在霍格布鲁格的诸多动画作品中占据着极其重要的地位。他认为音乐是将图像结合在一起的黏合剂，他所创作过的许多作品根本离不开音乐。

汉·霍格布鲁格是新生代设计师眼中的杰出黑色领袖，一个脑神经不同寻常的Freak（畸形的人）。他最为大众所熟知的身份是网络互动动画的操作者，他总是利用一个小胡子中年人的形象，从他的肢体语言和生活故事中展现腐烂又生机勃勃的内心世界。

王波，网名皮三，他是国内少有的多面手闪客。他先后在孟京辉的影片《像鸡毛一样飞》2001年贾樟柯的《世界》、2004年中创作了其中的动画场面。并于2002年在网络上创作了《连环梦》《Playme》系列Flash作品。从他得作品中可以看到思考，看到一种纯粹的艺术，可以感觉到一种不同于二维视频的运动，这正是Flash所有得独特魅力。

2005年起皮三瞄准中国70、80后的记忆符号，推出了短片集《哐哐日记》，导演将儿时怀旧与暴力美学融合于动画叙事中。在《一席》的演讲中皮三谈到，从《哐哐》到《泡芙小姐》，他在不断尝试和冒险，保持自己错误的力量。皮三在艺术创作上求得一种置之死地而后生的冒险与探索的精神。如果说《哐哐日记》是对七八十年代的缅怀，那《泡芙小姐》就折射出对都市人生存状态的思考。

1.3.2　新媒体交互实验

新媒体从显示媒介、虚拟实境、电子乐器、交互绘制、游戏控制等多个方面进行跨介实验，拓展了媒介传播的空间。

智能移动媒介的显示媒介常见分为三种：无线设备对接传统显示或投影设备；单片机或微型电脑的视频口直接迷你型显示屏；佩戴式显示仪，如智能眼镜。智能眼镜分为封闭沉浸式（Oculus Rift、谷歌纸盒）和透明开放式两种，有眼控类（aGlass）、声控类（谷歌眼镜）、触控类（爱普生BT系列）、脑控类（MindRDR）。2014年，谷歌与瑞士药企诺华宣布合作开发类似于隐形眼镜的微型智能眼镜。

另外，AR扩增实境技术的引入，高通Vuforia与Unity结合，在拍摄中实时加入虚拟元素（图1-46）。

高通的Vuforia增强现实平台将杂志和书籍"照进现实"，在该公司的合作伙伴峰会上，高通揭开了Smart Terrain的面纱，Vuforia增强现实平台甚至可以将客厅景观"照"进移动设备的游戏里。Vuforia正在改变游戏的玩法，由于引入了增强现实元素，人们可以与他们的移动设备进行更多的交互（图1-47）。

图1-46　谷歌纸盒、Oculus Rift、MindRDR、aGlass智能眼镜

电子乐器AirPiano发明者Omer Yosha在德国学习界面设计，有着音乐背景的他利用Arduino和IR红外射频模块，闲暇时制作出了AirPiano（图1-48）。

Drawdio。由Adafruit公司与Jay Silver（Makey Makey的发明人）联合开发的这支铅笔叫Drawdio，在绘画的同时还有音效，而且不一样的线条有不同的声音，用户还可以通过画画来创造音乐。Drawdio的工作原理其实就是一个将较大的电阻值转变为人耳可闻的

图1-47　高通的Vuforia增强现实平台

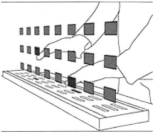

图1-48　电子乐器AirPiano（空中琴键）

音调变化的电路，它通过一个由回路电阻值参与决定振荡频率的RC振荡器来实现。持笔的手通过笔杆上的铜箔连接到电路的一极，电路的另一极连在铅笔的笔芯上，笔芯是导电的石墨，画出的图案也是导电的，当另一只手接触到图案时，就形成了回路。触摸图案不同位置，回路的电阻是不一样的，产生的震荡信号的频率也不一样，这样小喇叭就发出了不同节奏的声音。同样，移动铅笔不停涂鸦，也会造成电阻的变化，也能产生不同频率的震荡信号（图1-49）。

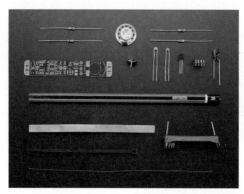

图1-49　Drawdio智能铅笔

Touch Board DIY触控板。通常人们会在智能手机和平板电脑上用到电容触控屏，实际上，可以在人体的皮肤上，或者是任何导电的平面上使用这种技术。Bare Conductive带来的Touch Board就是个有趣的DIY触控板，可以在几乎任何平面上实现触控。这块电容板上内建了一个Arduino微控制器（基于Leonardo），还有来自Freescale的触控传感器，上面连着12个电极，还有一个音频处理器（可以触发播放MIDI或者MP3音乐文件），甚至具备距离传感器。可以直接碰触上面的电极来操控，也可以将它们连接到任何导电材料，比如电线、导电漆，甚至是金属钉子来使用。而导电黑色墨水漆可以让触控开关变得非常有趣，用户可以随意画出想要的图案（比如上图中的钢琴键），然后用手指触控播放MicroSD卡内的音乐文件（图1-50）。

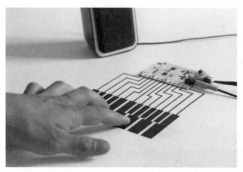

图1-50　Touch Board DIY触控板与导电黑色墨水漆

Fish on Wheels（飙车的鱼）。荷兰的Studio Diip公司开发出了一款名叫Fish on Wheels的产品，顾名思义，它是一辆给鱼使用的四轮小车。这辆小车基于Beagleboard打造，采用电池驱动。在小车的顶端，灵敏的摄像头能随时追踪鱼的行踪。而在鱼缸的下方装有Arduino控制器，它能根据摄像头所提供的小鱼游动的数据随时改变小车的运行轨迹。也就是说，小鱼可以根据自己的游动方向来改变小车的前进方向（图1-51）。

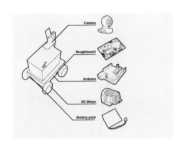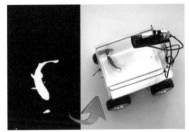

图1-51 Fish on Wheels（飙车的鱼）

意念仪与符码交响乐。意大利乌尔比诺美术学院的Alessio Chierico（阿莱西奥·切里克），结合Arduino使用脑电波意念控制，制作了点灭蜡烛的装置。另外，切里克还制作了利用符码转化成多台显示器有节奏闪动的视觉交响乐（图1-52）。

图1-52 意念仪与符码交响乐

Gravity Touch Bluetooth Glove（重力式触摸蓝牙手套）为Jonathan Besuchet他创建的专业级VR（增强现实）眼镜。市面上常见的VR眼镜有谷歌眼睛、Meta、爱普生Moverio BT，以及像Oculus Rift、三星Gear VR、vrAse、Durovis这些沉浸式交互输入设备。对于这些神奇的新产品，需要研发新类型的输入设备。Jonathan Besuchet设计了Gravity Touch Bluetooth Glove（重力触摸蓝牙手套），通过Durovis沉浸式VR眼镜，可以享受完整的移动虚拟现实。因为这个手套适合用的虚拟现实游戏中，Jonathan Besuche为Android手机平台创建了一个Unity3D插件，可以处理应用程序和手套之间的通信，这意味着可以使用重力触摸手套与Unity3D实现虚拟交互游戏，利用Arduino的代码和Java类脚本，来处理重力触摸蓝牙手套和Android设备之间的通信（图1-53）。

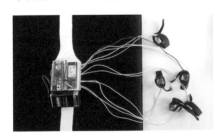

图1-53 Gravity Touch Bluetooth Glove（重力式触摸蓝牙手套）

第2章

数字角色概念稿设计

2.1 角色设计技法

2.1.1 角色造型设计法则

环境决定生物体特征。角色设计是根据交互方案或情节需要，将设计元素巧妙融合，制作生物体造型。角色设计的前期研究工作至关重要，许多经典的形象都源于对生活的细致观察和素材的大量搜集。华特·迪斯尼经典的卡通形象Mickey就源于他对老鼠的观察；卢卡斯的星战人物，在设计之初参考了大量生物体构造特性，比如鸭嘴兽恰恰（Jar Jar Binks），他是一个鸭嘴恐龙头，配上巴斯特猎犬的长耳，脚上还有蹼，他的大腿比小腿短得多，在行走方式上更像鸵鸟；在霍斯星球战场上出现的帝国机械兽，其灵感来源于地球上的大象，创作人员拍摄大量大象运动做参考，素材搜集在角色设计环节至关重要（图2-1）。

图2-1　电影《星球大战》中的鸭嘴兽恰恰和帝国机械兽

（1）环境决定构造

在角色设计中，有许多经典的原则。第一条就是环境决定生物体构造。不同地区的阳光条件，造成不同的肤色。处于赤道地区的人鼻子扁平上翘较多，位于高纬度寒带的人鼻子高挺鹰钩较多。在《星球大战》角斗场出现的三种致命生物：爱克雷、内克苏、利克（图2-2）被设定成分别从家乡被人带到竞技场的怪物，它们狂躁不安，一旦释放，就会立刻扑向猎物。爱克雷被设计成猛禽与螳螂的混种，它虽然威力十足，却只有夜视能力。内克苏，具有猫科的敏捷和分叉的鼠尾，如同蜥蜴，四肢长在身侧。内克苏结合了猎豹的特点，速度快但耐力不足，骨头强度不足。利克的设计灵感来自犀牛，创作人员搜集了非洲草原上犀牛撞击吉普车和摄像师，到处狂奔的资料，以此作为蓝本。《星球大战》的概念设计师犹如生物学家，根据生存环境，充满幻想地构造了众多全新的物种。

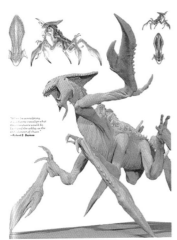

图2-2　电影《星球大战》中的致命生物：爱克雷、内克苏、利克

（2）观察生活与再创造

设计出的角色大多不是凭空想象的，很多造型都带有现实世界的生物的影子，这就需要设计师搜集大量的资料，结合适当的想象，创作出有趣的造型。比如在创作CG插画《SeaRock（海底摇滚乐）》时，为了设计出类人型的海底生物，创作者搜集了蝾螈、泥猴、鸭嘴兽等多种两栖类生物以及合适的乐器的相关资料（图2-3）。

图2-3　CG插画《SeaRock海底摇滚乐》创作前期的资料收集

　　角色设计是设计师脑海中反复思考加工的人物形象诞生的过程。在角色设计的初始阶段，如何把脑海中的角色形象转化为生动造型是需要设计技法的。角色的创造不是简单的照葫芦画瓢，要根据初始的设计理念将原有的造型融入自己新的理解。《SeaRock》的创作之初，设计师先挑选两栖类或带手脚的水生生物，从蝾螈、泥猴、鸭嘴兽、企鹅到双髻鲨、咸水鳄、章鱼、龙虾，将这些生物体根据体形姿态对应到合适的乐器以进行演奏。从而塑造出拍呜嘟鼓和钢鼓的泥猴、打爵士鼓的黑章鱼、弹电吉他的龙虾这些全新的形象，在锈迹斑斑的铁鲸鱼中，上演海底生物的音乐节。

　　在角色概念稿设计初期，要先确定生物体的身形体征，根据情节设定、环境因素，在条件允许的情况下，尽量抛开模式化思维，角色的构造先从基础结构出发，看是几条腿的，是飞的还是游的，是爬行还是站立；或者进行生物体征的实验组合，用剪影的手法，快速构思角色大的体块构造和基本的初始姿态（图2-4）。

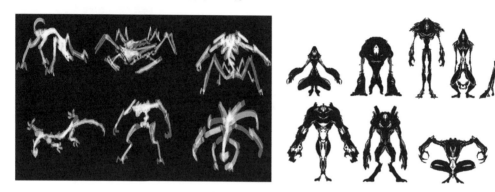

图2-4　体块构造和初始姿态

（3）借鉴古籍，结合生活

　　在中国古典文艺人物造型中吸取给养，例如本书作者在创作《Journey to the Modern（现代之旅）》时（图2-5），创作者为西游记中的师徒四人安置了现代上班族的四个职业。唐僧做会计，八戒做Boss（老板），沙僧做快递员，悟空做内心叛逆却疲于奔命的小职员，将古籍人物中透露的人物特性与现在生活与职场相结合，创作新的人物形象。

　　此外，设计师高铭函将叛逆的孙悟空与马戏团被驯化的猩猩形象结合在一起，内在性格与外形反差强烈，给人深刻印象（图2-6）。

图2-5　创作《Journey to the Modern（现代之旅）》中人物设定

　　在《山海经》图册中，我们能见到丰富的生物组合。《山海经》是中国先秦古籍，也是一部记载许多诡诞离奇动物和光怪陆离神话的奇书（图2-7）。从美术造型角度，山海经中出现了大量生物体造型如刑天、人面兽、九头蛇、三足鸟。创作者可以对《山海经》的生物系统及造型进行分析，在原有资料的基础之上，进行合理的设计与再创造，结合当代元素，将概念设计的思路和设计方法贯穿其中，塑造带有古老文化背景的崭新形象，将已被遗忘的过去，以全新的样貌展现于世人面前。

图2-6　高铭函设计的孙悟空

图2-7　中国先秦古籍《山海经》

　　优秀的角色概念稿会将设计元素从不同的文化视角、时代特色、物质构造、运转方式等方面进行巧妙融合，是智商与情商的完美结合，智商偏向于设计中的理性分析，而情商侧重在灵感性情上对元素之间进行发散跳跃的联想。图2-8为在天津美术学院中英数字媒体艺术专业学生在《三维动画与交互艺术》课程的角色设计阶段，结合中外文化元素，创作的诸如龙的传人、京剧加菲猫、涂鸦秦俑、舞狮小丑、街舞刑天等角色概念稿。

图2-8　结合中外文化元素的角色概念稿/指导教师：赵杰

（4）重心调整与正侧匹配

　　角色的重心偏移不稳，是设定稿中常犯的错误，设计师要特别注意角色上下半身的重心平衡。另外，正面与侧面的造型匹配失误也是容易出现的，比如正视图仰着的脸，到侧视图容易理解成平视角度（图2-9）。概念稿推研得严谨，会提高建模的准确性。设计师要在不断地画设定和建模的反复比较中，提升造型能力。

图2-9　重心调整与正侧匹配

（5）形体归纳

　　在角色模型的设计上，就欧美风格的三维角色而言，以梦工厂的《马达加斯加》概念设计为例，可以看到狮子的外形，以方楞为主，特别是胳膊的造型，方楞的直角处体现着结构、关节的转折。而河马则将形态靠近圆形，整个肚子就是一个巨大的球。这里可以看到造型师对角色的艺术化处理和形体归纳能力（图2-10）。

图2-10　电影《马达加斯加》中的狮子与河马造型

（6）体态穿插

　　在归纳形体的基础上，对于躯干与四肢的大体块如何穿插，可以利用基础形体进行分析。画形体不是画外轮廓，重点在于画出形体的穿插组合的关系（图2-11）。

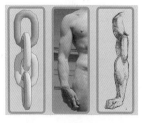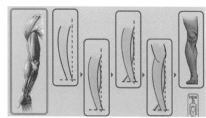

图2-11　体态穿插

2.1.2   角色造型比例与风格把控

头身比例影响着造型风格。正常的人物造型在4～6个头身，Q版人物在2～3个头身，而一些超级英雄的头身比例在7个以上（图2-12）。在同一系列的角色造型上，一般会使用相近的头身比例，保持造型上的统一与协调。

在艺术、漫画、动画等领域，经常不按照正常头身比例，创作出1头身至9头身不等的作品（图2-13）。当头身越小，相对头的比重越高，看起来头越大。掌握头身比例是人物设计非常重要的一环，角色必须符合不同年龄的身材比例，否则会显得突兀不自然。

图2-12   Q版与超级英雄版　　　　　　　　图2-13   1头身至9头身

角色造型风格类型一般主要有五类：写实类、拟人类、写意类、抽象类。

写实类。写实类风格的造型常伴随纪录纪念的初衷，头身比例接近现实。2009年，本书编者在离开居住求学7年之久的重庆时，将熟悉的四川美院老校区黄桷坪涂鸦街和周边的特色人物，如帮帮、美院学生，用写实风格进行动画设计，创作了短片《Graffiti Street（涂鸦街）》（图2-14）。

图2-14   短片《Graffiti Street（涂鸦街）》中的写实类造型

拟人类。将自然界的生物赋予人类的特性与社会身份，让观众有亲切感。2014年，本书编者在创作《SeaRock（海底摇滚乐）》时，先搜索了许多体型类人水生生物，并通过造型设计，赋予它的一种乐器演奏能力（图2-15）。

图2-15   插画《SeaRock（海底摇滚乐）》中的拟人类造型

写意类。2010年《CCTV相信品牌的力量：水墨篇》对中国水墨特性进行研究，角色采用了写意风格造型。片中的中国水墨时而化作山川长城，时而化作仙鹤游鱼，刚刚变作武林高手翻转腾挪，即刻又化为高速列车呼啸而去，恬静水墨间升腾起的是中华文明传承与发展的轨迹（图2-16）。

图2-16 《CCTV相信品牌的力量：水墨篇》中的写意类造型

抽象类。利用概念化的形体，体现出人物体特征，虽然手法不写实，却能抽离出实物的本质特征，借鉴了抽象绘画与雕塑的造型手法（图2-17）。

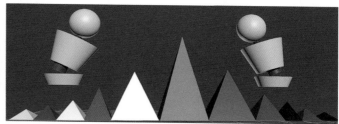

图2-17 抽象类造型

除了写实类、拟人类、写意类、抽象类之外，现代实验艺术的角色造型常综合以上几种造型手法和样式，以实验艺术的精神引领创作构思，以创作带动技法探索，将现实与抽象、古典与先锋、西域与东方、理智与感性、科技与文艺的样式与逻辑，进行大胆并富于创意的巧妙融合，拓展实验艺术的空间与边界（图2-18）。

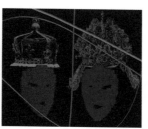

图2-18 现代实验艺术中的角色造型

角色概念是视觉设计的构成部分，因而在视觉设计中的各类手法，如错觉空间、似动现象，可以融入虚拟三维角色与空间设计中，展现独特的艺术风格（图2-19）。

图2-19 造型设计中的视错觉

2.2 角色概念稿绘制

2.2.1 绘制工具介绍

在角色设计中，绘制工具的选择是比较重要的。优秀的绘图工具会让设计效率事半功倍。角色设定稿中，线条的防抖动平滑和实时镜像绘制在实际的工作中显得尤为重要。在绘制角色概念稿时，我们可以使用Photoshop、Painter、IllustStudio、Sai、SketchBook等软件。其中Sai和IllustStudioV1.20RC2版本拥有抖动补偿，而且后者还具有对称绘制的功能（图2-20、图2-21）。而常见的Photoshop不自带防抖动，Sai软件体积小，还提供抖动修正功能。另外，Painter虽然有实时镜像绘制功能，然而软件过大，安装不方便。

图2-20　Sai和IllustStudio的防抖动功能

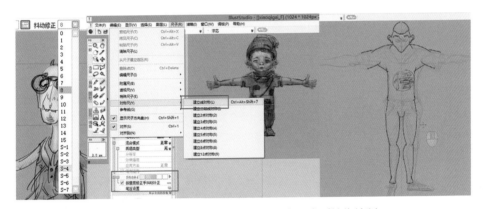

图2-21　IllustStudio的对称尺子实现实时镜像绘制

概念稿绘制完成后，将正视图与侧视图分别保存为方形图片，并确保角色正视图对其中轴线，为之后制作雕塑小样做准备。常用的数字雕刻工具是Zbrush和Mudbox，Zbrush的优势在于起形雕刻，而Mudbox侧重分层式贴图绘制。

2.2.2 分层绘制技法

绘制角色造型概念稿时，为了方便调节角色概念稿，通常要分层绘制。分层一般有两种，一种是对角色不同物件加以区分；另一种是从绘画角度出发，角色图层主要分为线稿层、明暗层、固有色层，此外还可以设置色彩倾向层、反光层、灰度背景层。分层绘制的技法借鉴了三维分层渲染和后期合成的思路。分层绘制的优点是可以调节每层的透明度和融合方式，缺点是增加了制作工序（图2-22）。

图2-22　角色概念稿中的分层绘制

2.2.3　建模参考图的绘制

图2-23　建模参考图的绘制

建模参考图主要包括正视图和侧视图，有时可能会用到顶底图和背面图。正视图和侧视图中的头顶、眼线、下颌、胸线、裆部、膝盖、脚底等位置要一一对应，卡住比例。在IllustStudio中绘制角色概念稿时，为了和之后的建模环节更紧密地衔接，角色通常画成T-pose姿态（图2-23）。

下面以CG插画《Futute-Waterworld（未来水世界）》为例，用Photoshop演示建模参考图的绘制方法。

Step 01 创作之初，首先要进行研究工作，搜集关于潜水员和潜水装备的资料，为绘制草图做准备。对角色和装备的前期调研越充分，设计出的稿件就越耐看，越具合理性。比如深海潜水面具上的呼气管采用了防呛的结构，在设定稿中就有所体现（图2-24）。

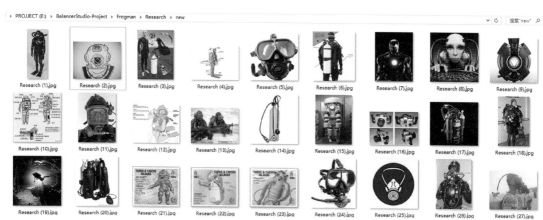

图2-24　创作前进行研究和搜集工作

Step 02 如果绘制者开始对无纸数字绘制不习惯，可以先在纸上画出构思草图，然后将草稿进行拍照或扫描，上传到电脑中待用（图2-25）。

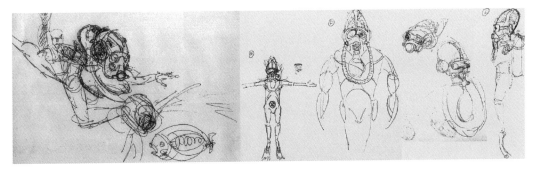

图2-25　在纸上绘制构思草图

Step 03 在Photoshop中，将草稿的正视图额侧视图，进行转描，先画出线稿层（图2-26）。

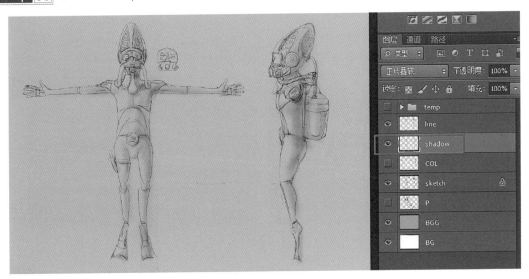

图2-26　将草稿转描成线稿

Step 04 完成线稿层后，新建一层，为角色绘制明暗层（图2-27）。

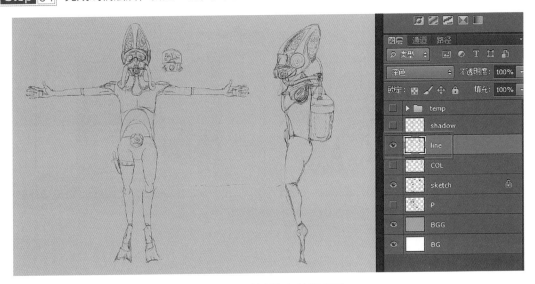

图2-27　绘制角色的明暗层

Step 05 完成明暗层后，新建一层，为角色绘制固有色（图2-28）。

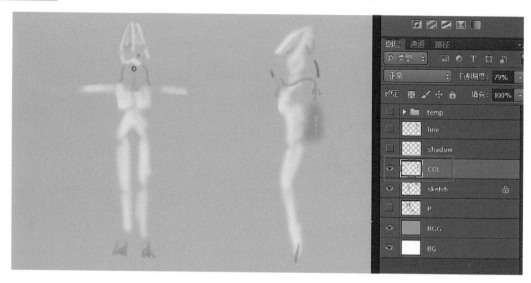

图2-28　绘制角色的固有色层

Step 06 将各层按上下层关系排列，选择适当的图层融合方式和透明度，完成在Photoshop的分层式绘制（图2-29）。

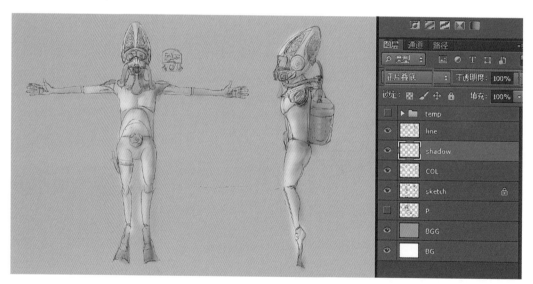

图2-29　选择适当的图层融合方式和透明度

Step 07 绘制完建模参考图之后，将其导入到Maya或3ds Max，辅助模型创建。这种"画一个，建一个"的训练方式，是提升造型能力的有力手段。在建模中，设计师可以不断检验手绘设定稿设计中自己对形体结构理解的正确性和合理性（图2-30）。

Step 08 在根据建模参考图完成建模设计和渲染之后，还可以再运用Photoshop进行后期修图，进一步调节色调和层次，做到"建一个，画一个"，将3D的透视感、光影感和2D的丰富肌理与质感元素，结合利用在一起，提高创作水平（图2-31）。

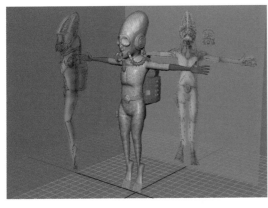

图2-30　在建模中检验手绘设定的正确性和合理性　　　　图2-31　　将渲染稿进行后期修图

对于如何使用IllustStudio绘制建模参考图，我们以《太空猴（Space Monkey）》为例进行讲解。

Step 01 首先可以先绘制一幅概念稿，将脑海中的角色快速展现出来。IllustStudioV1.20RC2版本有类似绘图软件Sai的防抖动功能，双击笔刷，在其属性栏可以调节手动抖动的补偿值（图2-32）。

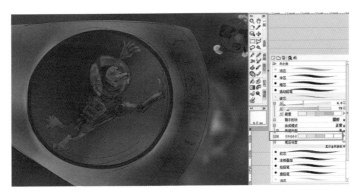

图2-32　利用IllustStudio防抖动功能绘制概念稿

Step 02 在IllustStudio中，首先根据概念草稿绘制线稿。由于大部分角色在正视图左右对称的，设计师可以执行"尺子>建立对称尺子>线对称"，使用实时左右绘制的方式，提高设计效率（图2-33）。

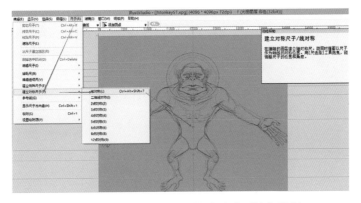

图2-33　建立对称尺子进行左右实时镜像绘制

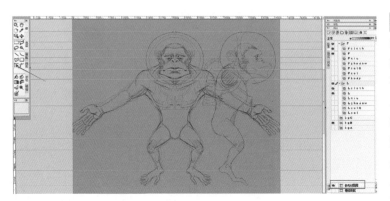

图2-34　比照参考线绘制侧视图

Step 03 在完成正视图的线稿后，可以进行侧视图的绘制。要注意绘制侧视图时，在工具栏选择图形工具中的贝兹曲线工具。在标尺上划动出参考线，并打开参考线图层，参考线标记在造型的头顶、眼角、嘴角、肚脐、膝盖、脚底等结构上，进行正视与侧视的比照绘制（图2-34）。

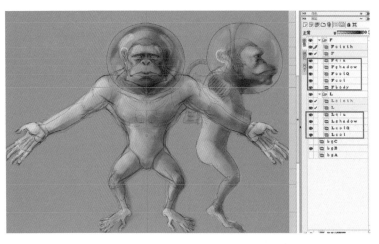

图2-35　调节图层的透明图和融合方式

Step 04 在IllustStudio中的分层式绘制，借鉴了三维分层渲染的思路。分层主要有两大类，一类是不同物件之间的区分，一种是物体自身不同光影属性，比如固有色、影子、高光、反射等可以独立成层，方便调整。层与层之间的透明图和融合方式，都可以提高设计稿的调节性（图2-35）。

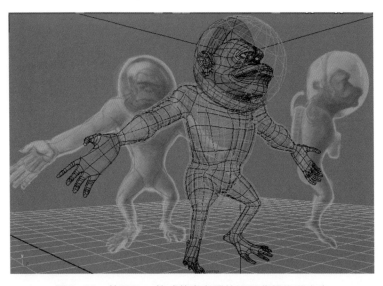

图2-36　使用Png格式将参考图的透明背景显现出来

Step 05 IllustStudio的参考图绘制完毕之后，可以转存为PSD格式，在Photoshop中打开，按正视图和侧视图另存为带Alpha透明信息的Png格式文件，这样，在导入Maya建模时，参考图的透明背景可以显现出来（图2-36）。

第3章

数字角色造型技法

制作数字角色造型首先要掌握角色的构造规律，对其头部和身体的拓扑结构分析，有助于找到一种简练的建模方法。建模人员可以在制作完精简的低模后，发送到Zbrush或Mudbox进行高精度雕刻和贴图绘制。

3.1　角色拓扑结构

拓扑的英文学名是Topology。拓扑学起源于公元1736年欧拉解决一个著名哥尼斯堡七桥问题（图3-1），提出图论，由此开创了数学中的一个重要分支——几何拓扑学。拓扑结构在三维角色模型创建中有着广泛的应用。

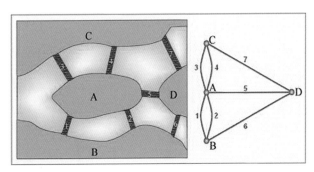

图3-1　哥尼斯堡七桥问题

拓扑结构在应用到角色建模时，布线的合理与否直接影响模型的造型、细节和变形状态。在模型人物模型库中，很多角色拓扑布线一致，只是点的位置略有不同，替换不同的贴图，形成不同的人物（图3-2）。

在角色模型的制作中，布线是一个看似简单，实际很重要的工作。角色拓扑线即我们通常讲的结构线，是直接影响角色造型、运动形态以及肌肉变形的状态。

在初学建模时，有时不注意布线的合理性和简约性，往往会陷入错综复杂的点线调整中，建模效率很低，可以造成放弃制作中错误百出的模型。

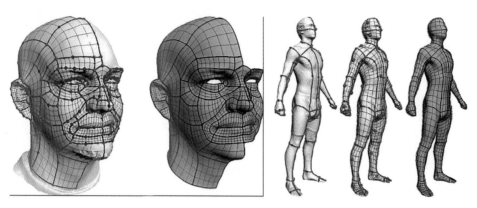

图3-2　头部与身体的布线方式

3.1.1　拓扑结构与多边形建模

Polygon（多边形）建模，主要是指四边形建模。四边形的结构会有纵横倾向，就像地球仪的经线和纬线，四边形的对边串联起来会形成脉络走向。3种朝向的环形线交汇时，就会出现放射状边线，这些边线多出现在结构转折处，例如下颌、颧骨、鼻翼等（图3-3）。

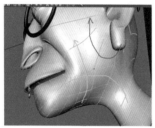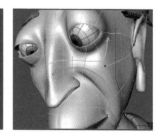

图3-3　面部拓扑结构示意图

在Polygon建模布线的时候，运用四边面，会减少多边形数量，以最少的边表现更多的细节。以下将非四边形转化为四边形的3个图例：一边转折、三边一出、五边一出（图3-4）。

建模时，如遇到需要突出的结构，比如眼眶、眼线、嘴线等，常采用勒边。所谓"勒边"，即两条平行线，距离靠得很紧密，当执行Smooth命令后，可以显出一条边。四条平行线，两两勒边，可以形成面的宽度。而比较松软的位置，比如肥大的肚子、腮部，布线之间的距离大且均匀（图3-5）。

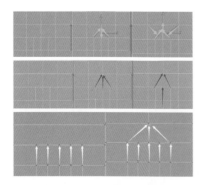

图3-4　一边转折、三边
　　　　一出、五边一出

图3-5　角色布线中疏密设置

3.1.2 头部拓扑结构分析

人的脸部是由环形和球形组成的，除了我们熟悉的眼鼻耳口所代表的"七窍"，还有人们使用眼罩、口罩、围巾时，所映射出的人的头部环行线。

在多边形建模中，四边形是基本单位，而三角形是最小单位。纵向线Loop和环状线Ring，构成了多边形，尤其是四边形建模的纵横脉络。3ds Max与Maya中，对于角色头部拓扑结构的设置，可以归纳成由方到圆的过程。2010年8月，本书作者在思索是否有一种可以归纳角色头部布线方法的时候，想到了绘画中"方切圆"的方法，由此归纳出四边形精简拓扑建模方法，简称"拓扑建模法"（图3-6）。

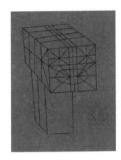
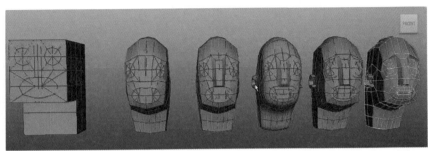

图3-6　拓扑建模法

对于头部的"七窍"（图3-7），从结构线上分析，都可以归纳成放射性的半球，从前方看其正视图，圆心的结构可以精简成写书法中的米字格（图3-8），当米字格四角的点收缩时，就会形成类圆的形状。

在实际建模中，会用到3ds Max或Maya的Extrude（挤出）命令、连线工具、塌陷工具、镜像复制、对称操作等命令，实现角色的拓扑结构（图3-9）。下面我们将以《Journey to the Modern（现代之旅）》中的唐僧角色为例进行头部拓扑结构的分析，具体制作过程见本书所附光盘。

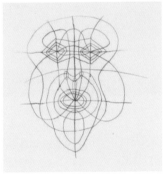

图3-7　头部"七窍"

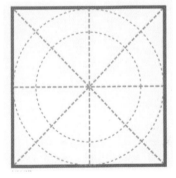

图3-8　米字格

图3-9　3ds Max中的角色的拓扑结构

Step 01 以Maya 2016版本为例，创建基础物体中的方形，按Ctrl+A进入通道盒与层控制，将移动的X、Y、Z数值归零，保证模型的位置在世界坐标原点。点击F11进入面的级别，选择工具架上的Extrude（挤出）命令，生成倒L型的头形（图3-10）。

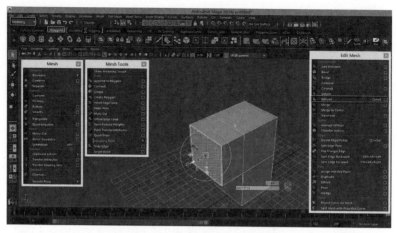

图3-10　生成倒L型头部大型

Step 02 选择环形边上的一条线，按Ctrl+鼠标右键，依次选择Edge Ring Unites > To Edge Ring and Split，实现环形边上均匀分割，保证左右对称。按键盘的G键，重复执行上一次命令，给环形边插入线（图3-11）。

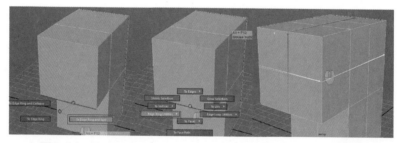

图3-11　To Edge Ring and Split通过环形结构线插入循环线

Step 03 分别选择眼轮匝肌和口轮匝肌的面，按Ctrl+鼠标右键，在热盒里选择Extrude（挤出，快捷键是Ctrl+E），形成"眼罩"和"口罩"的基本结构（图3-12）。

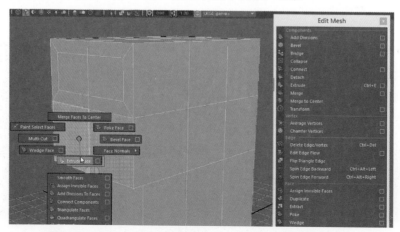

图3-12　Extrude挤出"眼罩"和"口罩"的基本拓扑结构

Step 04 人的面部包含着非常特殊的结构，除了上面的"眼罩"口罩"面具"这些特殊结构之外，鼻子的宽度会延伸至人中、下巴、喉结到裆部。使用Offset Edge loop tool，沿着中轴线，左右各偏移产生新的平行线（图3-13）。

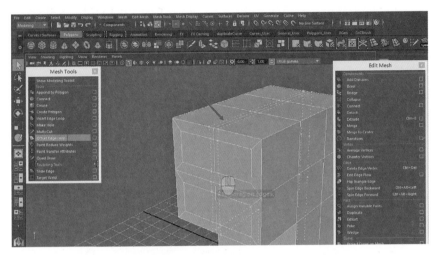

图3-13　使用Offset Edge loop tool产生"中轴宽度"

Step 05 选择耳部的面，执行Extrude（挤出）命令，生成耳根基本结构。选择眼眶环形边上的一条线，按Ctrl+ 鼠标右键，依次选择Edge Ring Unites > To Edge Ring and Split，生成泪痕线和眼角线（图3-14）。

图3-14　制作耳根与眼轮匝肌的放射结构

Step 06 鼻子结构很有意思，鼻梁处于眼轮匝肌，鼻头处于口轮匝肌，选择对应的面挤出鼻梁和鼻头（图3-15）。

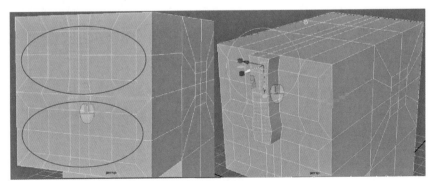

图3-15　挤出鼻梁和鼻头

Step 07　选择鼻头的面，使用Extrude挤出鼻翼，通过Edge Ring Unites > To Edge Ring and Split两次插入循环边，为形成鼻孔结构做准备（图3-16）。

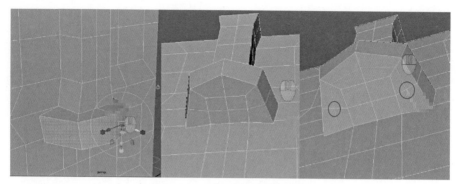

图3-16　制作鼻翼与鼻孔结构

Step 08　选择眼轮匝肌的面，通过多次使用Extrude挤出眼眶结构。并且配合Edit Mesh下的Collapse（塌陷）命令，形成眼窝的米字格（图3-17）。

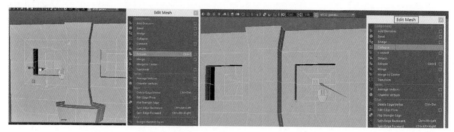

图3-17　使用Collapse塌陷命令形成眼窝的米字格

Step 09　如 果 原 本 对 称 的 点 产 生 了 偏 移，可 以 进 入Windows下General Editors里 的 Component Editor元素编辑选项，再切换到Polygons多边形点的XYZ空间位置进行核对修正（图 3-18）。

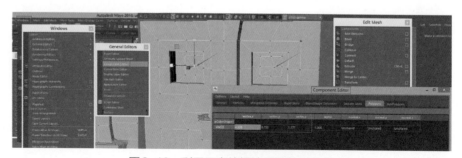

图3-18　利用元素编辑选项调整对称点

Step 10　跟制作眼窝类似，使用Extrude（挤出）和Collapse（塌陷）命令，制作口腔内壁结构 （图3-19）。

Step 11　耳朵孔就像是地球的两极，使用Collapse和Extrude命令可制作出耳朵眼的拓扑结构 （图3-20）。

Step 12　鼻孔的结构通过使用Extrude和Collapse命令，可以形成米字格（图3-21）。

Step 13　通过Average Vertices（平均点）命令，使头部更加圆润（图3-22）。

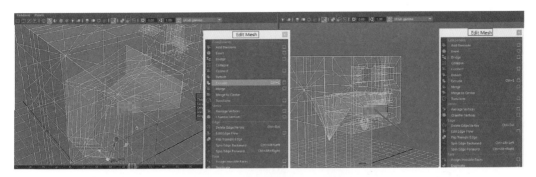

图3-19　制作口腔基本拓扑结构

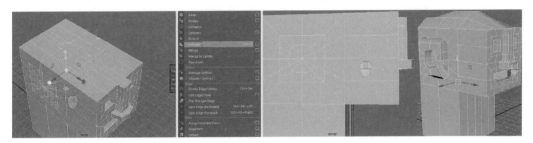

图3-20　制作耳朵基本拓扑结构

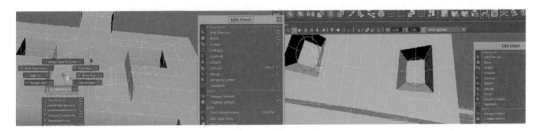

图3-21　制作鼻孔

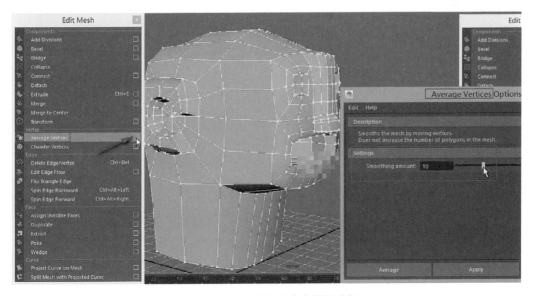

图3-22　使用平均点命令圆润头部

Step 14 使用Mesh Tools下Insert Edge Loop（插入循环边）命令，加强口轮匝肌的拓扑结构（图3-23）。

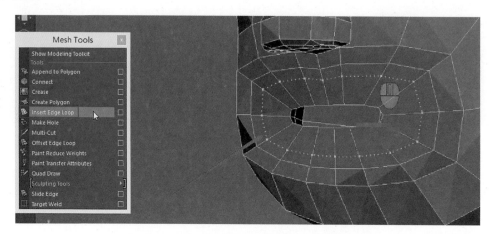

图3-23　插入循环边加强口轮匝肌的拓扑结构

Step 15 通过Edge Ring Unites > To Edge Ring and Split，加强眼轮匝肌和眼眶，以及面部的环形结构（图3-24）。

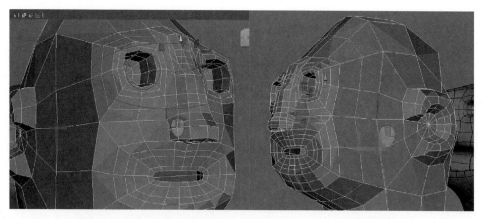

图3-24　插入循环边加强眼轮匝肌和眼眶，以及面部的环形结构

Step 16 为了方便对称选择模型的各个元素，在选择模式下进入Tool Settings工具修改面板，在Symmetry Settings对称修改面板里，激活Object（物体）X轴的对称选择模式（图3-25）。

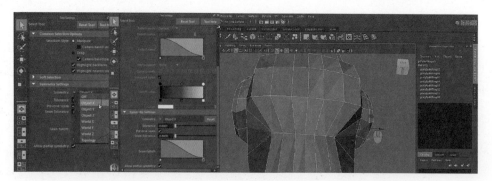

图3-25　Symmetry Settings对称修改面板激活物体对称选择模式

Step 17 为了提高拖动物体元素移动的效率，可以选择Windows下Settings/Preference里的Preference选项，在Selection中勾选Click drag select选择元素即可完成拖拽（图3-26）。

图3-26 激活Click drag select即时拖拽功能

Step 18 在Maya中按Ctrl+Shift键，同时点击命令，可以将命令加载到工具架上。我们将Insert Edge Loop（插入循环边）命令放到工具架，在脖子的环线上插入循环边（图3-27）。

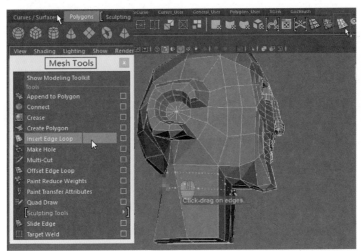

图3-27 在脖子的环线上插入循环边

Step 19 在Maya中按空格键，切换到四视图，调节耳朵外形的点（图3-28）。

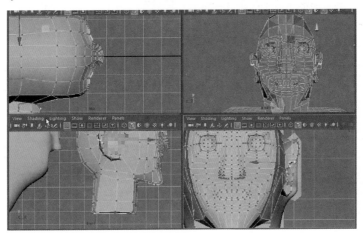

图3-28 调节耳朵外形

Step 20 把眼眶调整成球状，让它包住眼球（图3-29）。

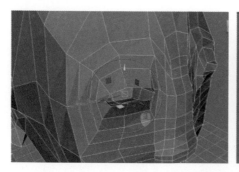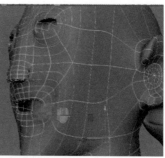

图3-29　调整眼眶成球状

Step 21 调整嘴角腮部的点，将口腔也理解成球状物体（图3-30）。

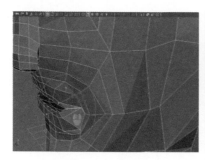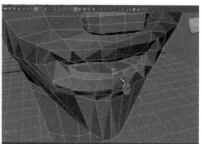

图3-30　调整口轮匝肌成球状

Step 22 在三维建模中，调点是一个非常重要的基本功，考验着建模人员对形体空间感的掌握能力。在反复推敲调点之后，一个基本的面部拓扑结构就制作出来了，这种由"方形面具"一步步推导出来头部结构的方法，非常适合有美术基础的人，能够从方到圆、抽象到具象、简约到精制，从拓扑结构出发，整体理解头部形体构造（图3-31）。

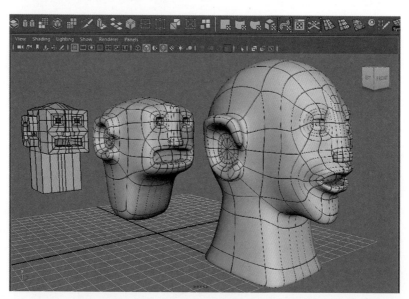

图3-31　通过拓扑结构创建头部形体

3.1.3 身体拓扑结构分析

在讲解人体拓扑前，先介绍一位美国漫画家和教育家，伯恩·霍加斯（Burne Hogarth）。他的结构素描如同建筑透视图一样有规律，将复杂的人体简化归纳。我们可以参考结构素描的拓扑结构方法，将其运用于实际的三维角色造型建模当中，下面就在3ds Max中演示一下（图3-32）。

下面以《Journey to the Modern》中孙悟空形象为例进行身体拓扑结构分析。具体制作过程见本书配套光盘。

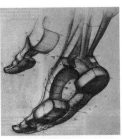

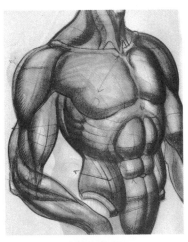

图3-32 伯恩·霍加斯的结构素描

Step 01 运用3ds Max多边形工进行身体建模。在导入建模参考图之后，使用3ds Max自带的Box（立方体），定位到盆骨的位置（图3-33）。

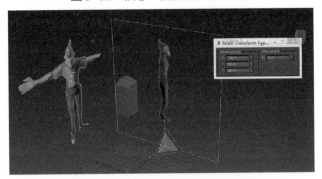

图3-33 Box物体定位到盆骨位置

Step 02 选中3ds Max自带的Box，按鼠标右键选择Convert To转化为Editable Poly（可编辑多边形）（图3-34）。

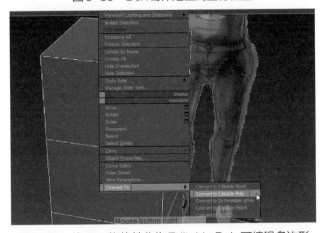

图3-34 将Box物体转化为Editable Poly可编辑多边形

Step 03 多边形的元素级别包含点、线、边界、面、体，快捷键分别是1、2、3、4、5，而回到物体级别，快捷键是6（图3-35）。

图3-35 多边形包含点、线、边界、面、体这5个元素级别

Step 04 选择对应的面，运用多边形工具栏中Edit Polygon的Extrude（挤出）命令，增加上半身的腹部、胸腔、脖颈和头部的基础结构（图3-36）。

图3-36 Extrude挤出腹部、胸腔、脖颈和头部的基础结构

Step 05 使用Selection选择工具中的Ring环形边工具，配合多边形工具栏中Edit Polygon的Connect功能插入纵向线（图3-37）。

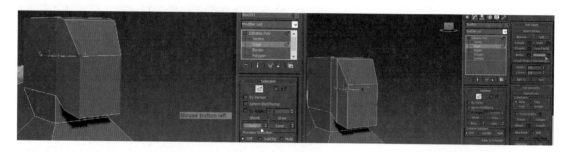

图3-37 利用环形边插入纵向线

Step 06 再次使用Selection选择工具中的Ring（环形边）工具，配合多边形工具栏中Edit Polygon的Connect功能插入纵向线，得到角色的中轴线（图3-38）。

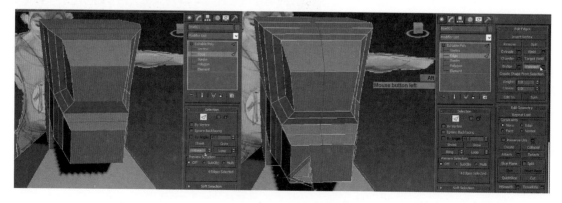

图3-38 插入角色中轴线

Step 07 删除右半边的面，添加Symmetry镜像命令，生成可以实时编辑的对称模型。然后通过环形边插入纵向线，加入中轴的宽度（图3-39）。

Step 08 上臂是从腋下的面Extrude（挤出）的，从而形成三角肌的结构（图3-40）。

Step 09 在正视图中将手臂移动到设定稿描绘的位置，并将点在X轴压平（图3-41）。

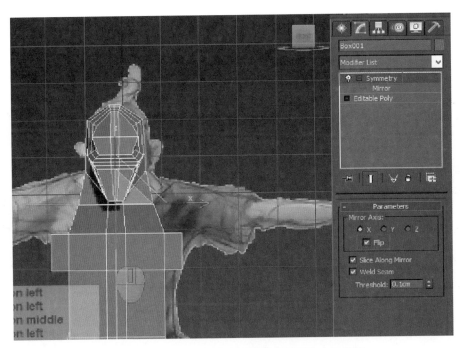

图3-39　Symmetry命令镜像模型并制作中轴宽度

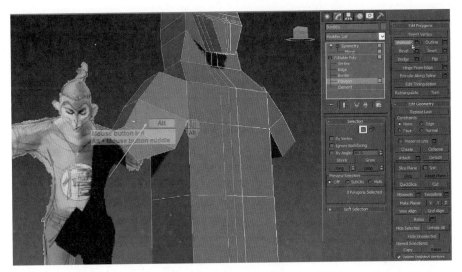

图3-40　挤出三角肌结构

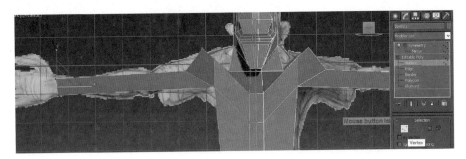

图3-41　调整手臂位置

Step 10 角色中轴线两侧有一定宽度，这个中轴宽度贯穿着鼻子、人中、喉结、裆部，并在裆部两侧挤出大腿（图3-42）。

Step 11 按Alt+X键，让物体显示为半透明状态，在实时对称模式下，根据设定稿，将模型上需要调整的点移动到合适的位置（图3-43）。

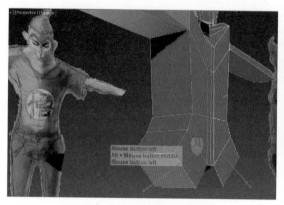

图3-42　裆部两侧挤出大腿　　　　　　　　图3-43　根据设定稿半透明状态下调点

Step 12 在手臂插入一圈循环线（参考第5步），并调点让手臂后弯，为后面阶段进行IK骨骼做准备（图3-44）。

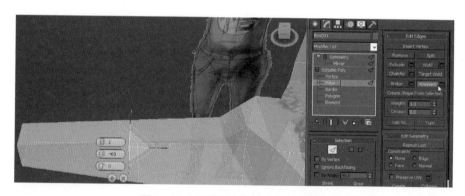

图3-44　手臂后弯为骨骼IK做准备

Step 13 选择面，挤出脚步基本结构。注意在建模时，细节刻画要同步进行，就像绘画中的同步推进的方式一样（图3-45）。

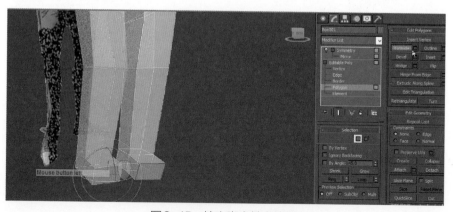

图3-45　挤出脚步基本结构

Step 14 人的手臂中桡骨与尺骨之间有90度的盘旋，这种结构使得在制作手臂时，也要选择手腕的面进行90度旋转（图3-46）。

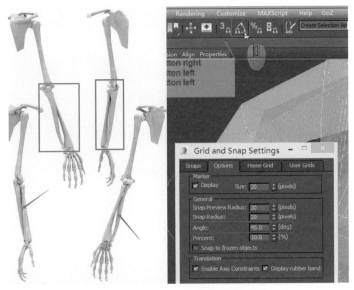

图3-46 手臂中桡骨与尺骨的结构

Step 15 使用Extrude（挤出）工具，制作出手掌和大拇指（图3-47）。

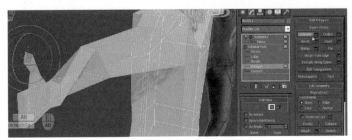

图3-47 Extrude挤出掌和大拇指

Step 16 用Connect插入循环边的工具，贯穿掌心、耳洞、裤缝（图3-48）。

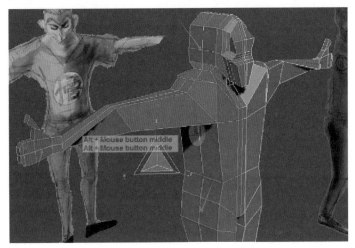

图3-48 插入贯穿掌心、耳洞、裤缝的循环边

Step 17 使用Extrude挤出面时，选择By Polygon方式，让每个面按照自身的朝向挤出（图3-49）。

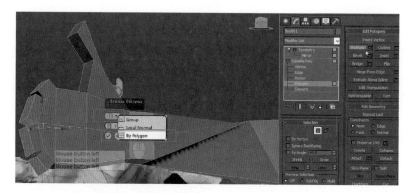

图3-49 使用By Polygon的方式挤出手指根部

Step 18 使用Extrude挤出面之后，在Selection栏中选择Grow（加选）工具，将手指距离拉开（图3-50）。

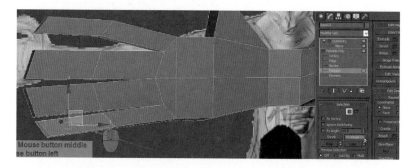

图3-50 在Selection栏中选择Grow（加选）工具

Step 19 根据设定稿的位置提示，以及手掌的扇形走势，将点逐步调整到位（图3-51）。

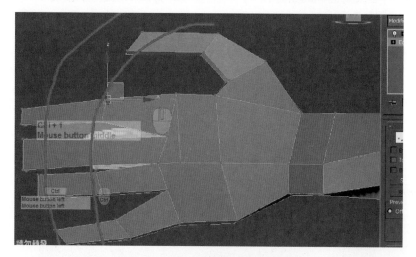

图3-51 根据手掌的扇形走势调点

Step 20 手臂的基本形态调整好之后，同步推进到面部的布线中，先将眼轮匝肌的位置使用Extrude工具挤出（图3-52）。

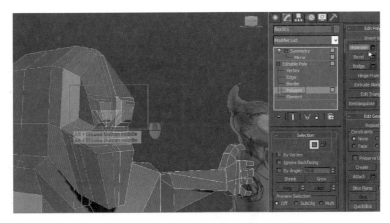

图3-52　使用Extrude挤出眼轮匝肌结构

Step 21 在制作口轮匝肌的结构前，要把模型中使用Symmetry对称修改器的物体左右两部分，进行Convert To（转换）一下，塌陷成一个整体，防止做口腔的面挤出的时候，中轴线上生成错误的面（图3-53）。

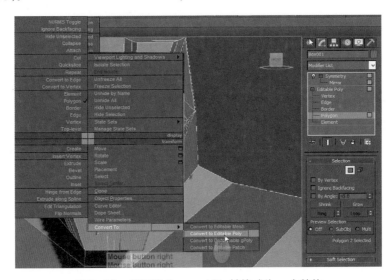

图3-53　将模型Convert To转换成为一个整体

Step 22 多次使用Extrude工具，将口轮匝肌以及口腔内壁的结构挤出，对于口腔结构，可以按Alt+X键，将模型切换为半透明状态进行显示（图3-54）。

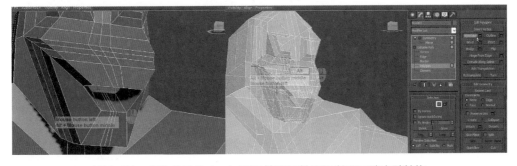

图3-54　多次使用Extrude工具挤出口轮匝肌以及口腔内壁结构

Step 23 人物的造型大部分都是柔美的弧线，因此在简模上使用Relax（松弛）工具，将点疏松一下，可使造型相对圆润（图3-55）。

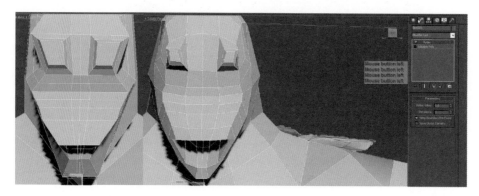

图3-55　Relax松弛工具使造型相对圆润

Step 24 在制作鼻子前，经分析看到，鼻翼包含在口轮匝肌这个大环形里（图3-56）。

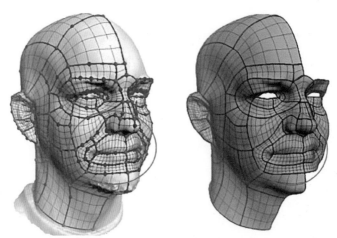

图3-56　鼻翼包含在口轮匝肌环形结构中

Step 25 在眼轮匝肌和口轮匝肌结合处，以及鼻根部，选择对应的面，用Extrude工具挤出鼻梁的大形（图3-57）。

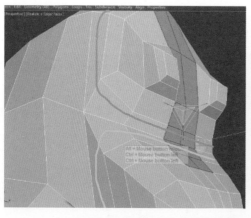
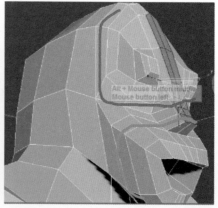

图3-57　使用Extrude工具挤出鼻梁大形

Step 26 在鼻梁处选择环行线，加入循环边，为鼻翼的挤出做准备（图3-58）。

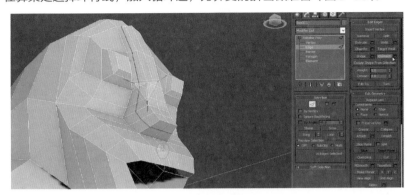

图3-58 在鼻梁环行线插入循环边

Step 27 挤出鼻翼之后，可以再插入一条环线，为制作鼻孔做准备。由于孙悟空的鼻子比较窄小，此步骤也可简略（图3-59）。

Step 28 为了保持左右调点同步，将删除一半模型。选中人体中轴线上的线，点击Loop纵向线，在Edit Edges卷展栏里选择Split（分离）工具，通过中轴线将模型劈开（图3-60）。

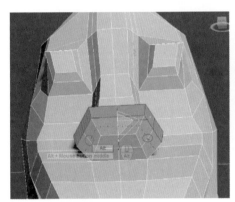 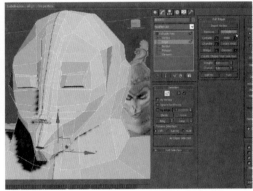

图3-59 鼻翼插入的环线为制作鼻孔做准备 图3-60 通过中轴线将模型分离成左右两部分

Step 29 点击快捷键5，进入体的元素级别，选中需要删除的一半模型（图3-61）。

图3-61 删除一侧模型

Step 30 再次执行Symmetry命令，进行镜像复制，并且激活上下层效果串联显示按钮（图3-62）。

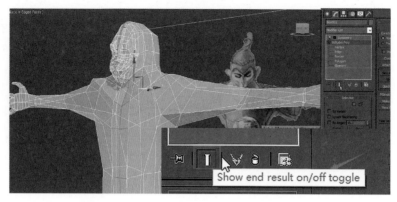

图3-62 使用Symmetry命令将模型镜像复制

Step 31 为形成眼轮匝肌的"米字格"拓扑结构，在眼眶纵横插入两条循环线（图3-63）。

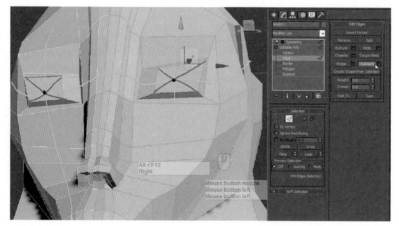

图3-63 制作眼轮匝肌的"米字格"拓扑结构

Step 32 按Alt+X进入半透明模式显示，使用Extrude挤出眼球内壁（图3-64）。

图3-64 半透明模式下挤出眼球内壁

Step 33 选择眼球内壁末端的四个面，点击Collapse（塌陷）生成圆心点（图3-65）。

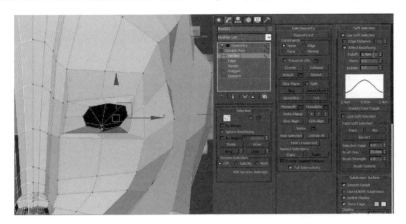

图3-65　点击Collapse（塌陷）生成眼球内壁的圆心点

Step 34 在Soft Selection卷展栏点击Use Soft Selection（使用软选择），调节Fall off（软选择衰减范围）。在软选择模式下，调节眼部结构上点的位置（图3-66）。

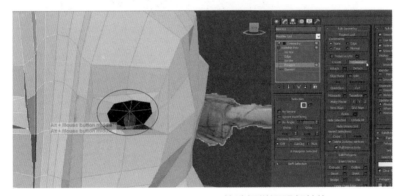

图3-66　用Soft Selection软选择微调眼部结构

Step 35 在调节点的位置的时候，按住Alt+鼠标右键，切换到Screen屏幕坐标。默认情况下，都使用世界坐标模式移动（图3-67）。

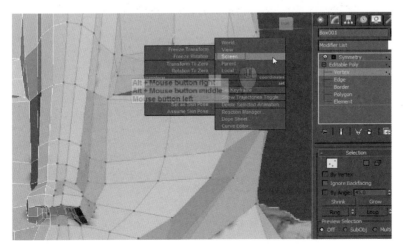

图3-67　Screen屏幕坐标模式下调点

Step 36 在耳朵部位先选中面，按Insert，Insert类似于Extrude（挤出），前者是内外收缩，后者是前后推出。然后，选择出C型进行Extrude，生成耳轮廓外形（图3-68）。

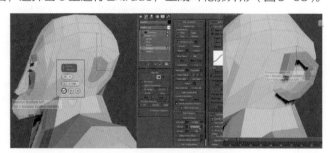

图3-68　生成C型耳轮廓外形

Step 37 为了制作后脑勺的发鬃大形，先选择Shape图形中Line，将类型切换成Smooth（平滑）状态，进入侧视图，拖出弧线（图3-69）。

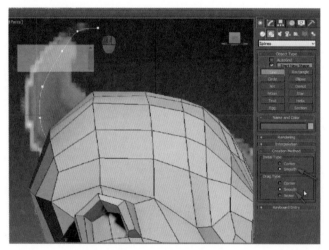

图3-69　为制作发鬃创建弧线

Step 38 选择弧线，进入修改面板，进入点的修改级别，根据侧视图设定稿，微调一下弧线的形态（图3-70）。

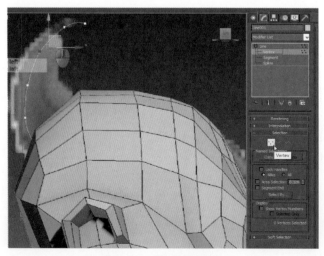

图3-70　微调弧线形态

Step 39 选择对应的面，在Extrude Along Spline的精确控制框中，点中拾取图标，选择准备好的弧线，生成挤出面，并微调锥化值（图3-71）。

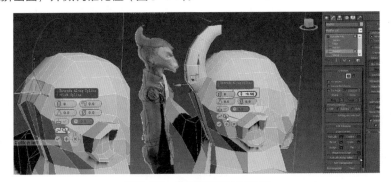

图3-71　沿着弧线挤出发鬃

Step 40 人物的大体拓扑结构制作完成，为之后GoZ（从3ds Max发送到Zbrush）做准备。在发送到Zbrush的实际操作中，发现两个软件的世界单位不一致，进入Zbrush的物体被放大了10倍，因此事前在3ds Max中，先选择准备GoZ的物体，在高级程序面板中，找到Rescale World Units（重新缩放单位）命令，将物体缩小为0.1，再发送到Zbrush中（图3-72）。

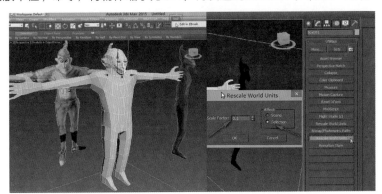

图3-72　使用Rescale World Units重新缩放单位

Step 41 在三维软件中，为了优化面的显示，物体一般是单面展示。3ds Max和Zbrush的法线朝向是相反的。选中物体鼠标右键进入Object Properties物体属性，在General的Display Properties，取消勾选Backface Cull（背面忽略）。然后，追加Normal法线修改器，勾选Flip Normal（翻转法线）（图3-73）。

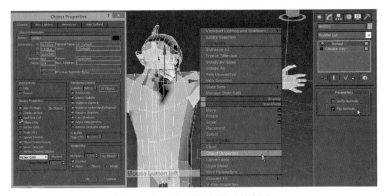

图3-73　检查物体的法线朝向

Step 42 在完成单位和法线的调整工作之后，使用界面右上角的GoZ功能，将3ds Max中的模型发送到Zbrush中，进行下一阶段的制作（图3-74）。

图3-74　使用GoZ功能将模型发送到Zbrush

3.2　Zbrush角色塑造

在上一章节我们对角色的拓扑结构进行了梳理，并使用Maya和3ds Max对简模的拓扑结构进行讲解和演示，接下来我们将使用Zbrush对建模进行进一步的细节雕刻和纹理绘制。

Zbrush是由Pixologic公司研发的3D/2.5D模型创建工具，该软件于1999年在SIGGRAPH年会亮相。它是一个专业三维角色建模软件，被誉为革命性的建模软件，广泛应用于各电影、电视、游戏、特效等诸多领域。Zbrush的优点是可以实时动态地塑造高模，并将高模的雕刻细节转化成Normal Map法线贴图或者Displacement Map置换贴图。因为造型手段脱离传统数位手段，使得创作数字雕塑更为便捷高效，特别适合艺术家使用。ZBrush 4R7的主要功能包含ArrayMesh、NanoMesh、ZModeler和QMesh。ZBrush在影视领域曾被用于制作《加勒比海盗》《魔戒三：王者再临》等，在游戏领域曾被用于制作《战争机器》《刺客信条》《使命召唤》等。

3.2.1　GoZ Zbrush与其他软件的桥接

Goz的出现对于3D软件的使用者而言是一个福音，使用者不再需要透过两边软件的Export导出或是Import导入的功能来做档案的传递。一开始Goz只出了Maya、Max、Cinema 4D以及Modo四套3D软件的对应程序，后来又多加了对Photoshop以及自身的Sculptris的支持。Zbrush 4.0版本出现后，可以通过GoZ（Go ZBrush）功能将ZBrush模型数据发送到Maya、3ds Max、Cinema4D、Modo、Sculptris，甚至还可以发送到Photoshop进行编辑。要配合使用Photoshop的原因在于：Zbrush中对模型的着色完全取决于模型端点（Point）数量的多少，如果模型端点数太少的话，PolyPaint就无法发挥效果，难以画出很细腻的颜色。而Zbrush无法在贴图上进行上色，因此将模型指定一张贴图后GoZ到Photoshop，就可以在Photoshop里画上细腻的贴图（Photoshop画贴图的细腻度在于贴图图形的分辨率而非模型的多边形数量）。目前Photoshop有一般版本以及Extend版本，GoZ只适用于Extend版本，原因是Photoshop的Extend版本才可以加载OBJ对象。相比之下，Zbrush的竞争对手Mubox在低模贴图绘制上就优异得多，但是却缺乏Zbrush强大和丰富的笔刷。

按模型制作的精细度和面数，大致可分为低模、中模、高模。一般来讲，低模面数在2000以内，中模面数在5000 ~ 50000，高模可达到上百万的面数。在发送到Zbrush之前，可以先在Maya或者3ds Max中，制作面数较低的简模，然后发送到Zbrush继续进行精制加工（图3-75）。

图3-75　Zbrush与其他软件的桥接工具GoZ

相比其他软件，ZBrush的Z球骨骼也能快速地建模。在Tool面板调出ZSphere，在Z球建模时，先点击X进行左右对称，按Q键生成Z球，同时按Alt去除Z球。按A键可以预览模型，确认后点击Tool面板的Make PolyMesh3D，生成多边形。完成拓扑、雕刻、展UV等步骤后，使用Goz发送到其他软件即可（图3-76）。

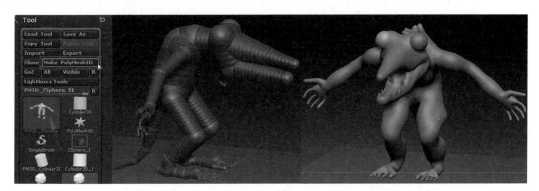

图3-76　ZBrush的Z球骨骼的建模功能

3.2.2　Zbrush数字化雕塑技巧

本部分继续以孙悟空形象为例进行步骤讲解，具体制作过程见本书配套光盘。

Step 01　从Goz功能发送到Zbrush的模型，先单击键盘上的T键，进入Edit编辑模式。单击F键，将物体最大化显示。单击Shift+F键，显示物体的线框结构。单击P键，将物体立体透视化显示，并以Y轴进行视图转动。另外，点击键盘上的X键，使雕刻效果左右对称显现（图3-77）。

Step 02　Zbrush 4R7推出的ZModeler建模功能，使Zbrush具有了多边形建模和修改的功能（图3-78）。

Step 03　在ZModeler工具模式下，选择模型元素级别，按下空格键，会显示多边形诸多操作命令（图3-79）。

图3-77　使用Goz功能发送3ds Max的模型到Zbrush

图3-78　Zbrush 4R7新增的ZModeler多边形编辑功能

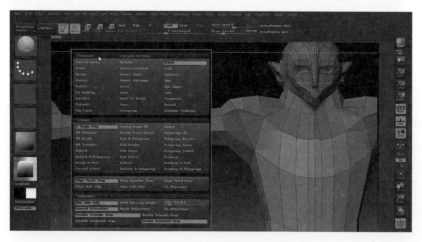

图3-79　ZModeler工具的多边形操作命令

Step 04 在ZModeler工具模式下，选择模型环形边，按下空格键，选择Insert插入循环线命令，给四肢关节加入循环边（图3-80）。

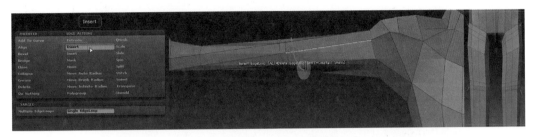

图3-80　ZModeler的Insert命令给四肢关节插入循环线

Step 05 将Draw卷展栏拖拽到左侧的停靠栏，选择Snapshot To Grid快照到网格参考图（图3-81）。

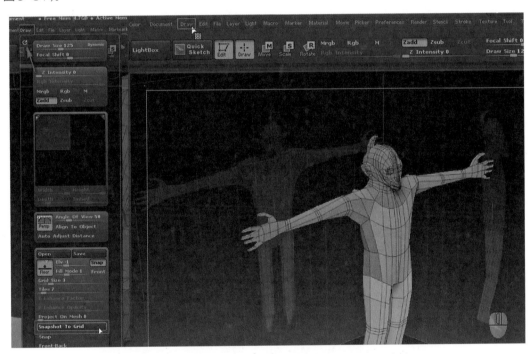

图3-81　使用Snapshot To Grid快照模型到参考图

Step 06 将正视图和侧视图替换成设定稿的图片，并关掉Pline按钮（图3-82）。

图3-82　将正视图和侧视图替换成设定稿

Step 07 在SubTool下的Geometry选项里点击Divide进行细分，增加模型细分数（图3-83）。

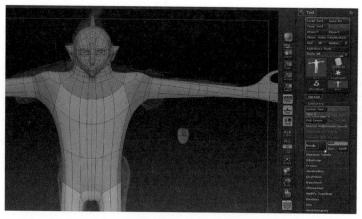

图3-83 使用Divide细分增加模型细分

Step 08 在Zbrush众多笔刷中，常用的有Standard（标准笔刷）、Move（移动笔刷）、Inflat（膨胀笔刷）、SnakeHook（揪拽笔刷）、ClayBuildup（泥条笔刷）、Polish（压平笔刷）、ZModeler（建模笔刷）。另外，Zbrush笔刷配合Shift是光滑，配合Alt是雕刻力度的反转（图3-84）。

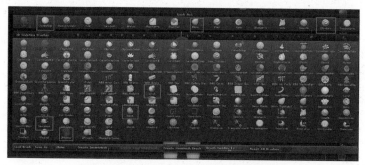

图3-84 Zbrush自带的众多雕塑笔刷

Step 09 在Zbrush中，Move（移动笔刷）类似于Maya或3ds Max的软选择，Facal Shift是衰减范围，Draw Size是笔刷大小，类似于Photoshop中的"["和"]"键，可以调整笔刷半径。使用Inflat（膨胀笔刷），在胸腔和四肢肌肉处增加厚度（图3-85）。

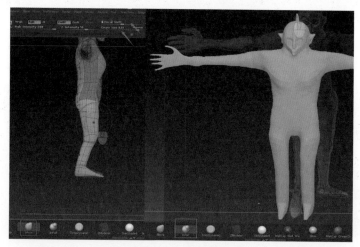

图3-85 Zbrush中的Move移动笔刷与Inflat膨胀笔刷

Step 10 使用Zbrush中的ClayBuildup（泥条笔刷），加强眉弓结构（图3-86）。

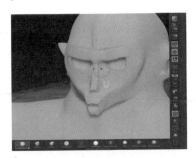

图3-86 使用ClayBuildup（泥条笔刷）塑造眉弓结构

Step 11 为了方便视图操作，在Draw卷展栏，点击Front按钮，进行前后景半透明显示（图3-87）。

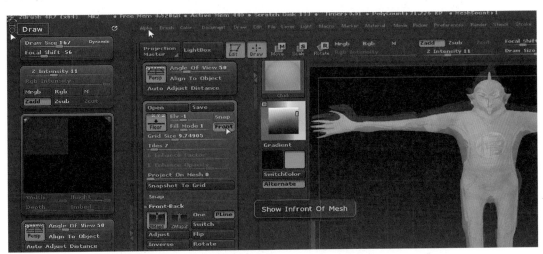

图3-87 点击Draw卷展栏的Front按激活前后景半透明显示

Step 12 用SubTool下的Divide命令，增加模型细分度，再使用Inflat（膨胀笔刷），做出指头肚和手掌的厚度（图3-88）。

Step 13 使用Move（移动笔刷），对头部反复调整，使五官不断接近设定稿（图3-89）。

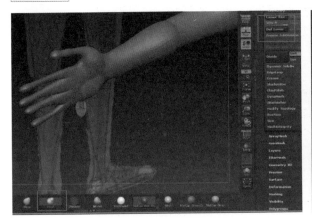

图3-88 使用Inflat膨胀笔刷塑造指头肚和手掌　　图3-89 使用Move笔刷反复调整头部五官

Step 14 使用Move（移动笔刷）调整鞋子外形，使用Polish（压平笔刷）塑造鞋底形态（图3-90）。

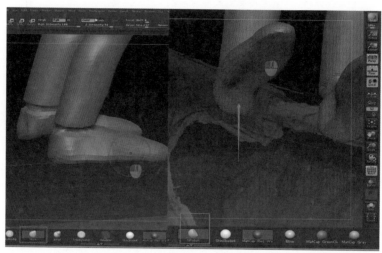

图3-90　塑造鞋子外形及鞋底形态

Step 15 使用Move（移动笔刷）和ClayBuildup（泥条笔刷），塑造调整胸腔、锁骨、斜方肌、背阔肌等上身形体（图3-91）。

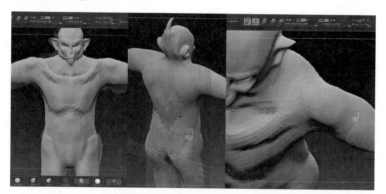

图3-91　塑造胸腔、锁骨、斜方肌、背阔肌等上身形体

Step 16 使用ClayBuildup（泥条笔刷），塑造衣袖结构（图3-92）。

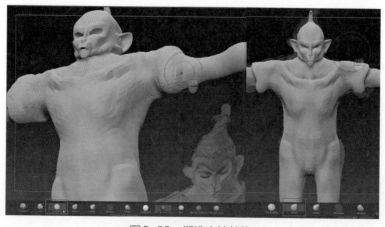

图3-92　塑造衣袖结构

Step 17 ZRemesher是ZBrush在自动重建拓扑工具技术上的一大革新，能够使用Color Density色彩控制密度，红色布线密度紧，绿色布线密度松（图3-93）。

图3-93 ZRemesher自动重建拓扑工具

Step 18 为了控制ZRemesher（自动拓扑）之后的面数，可以降低Target Polygons Count（目标多边形的面数），在0.5 ~ 1的范围得到一个中模（图3-94）。

图3-94 ZRemesher中的Target Polygons Count控制目标面数

3.2.3 Zbrush纹理绘制

　　Zbrush提供了强大的纹理绘制功能，下面对刚进行过数字化雕刻的孙悟空形象进行纹理绘制。具体过程参见本书配套光盘。

Step 01 在绘制之前需要将模型展开UV，给三维X、Y、Z空间的物体定义二维的UV纵横坐标。Zbrush自带的Zplugin中有UV Master，自动展UV大师可以激活Enable Control Painting，运用色彩控制UV缝隙开口位置。先点击AttractFromAmbientOcclusion，AmbientOcclusion就是俗称的AO贴图。AO贴图的特点是面与面临界处加深，类似于绘画素描技法中，交代影子时会着重加深以明确面的交界处（图3-95）。

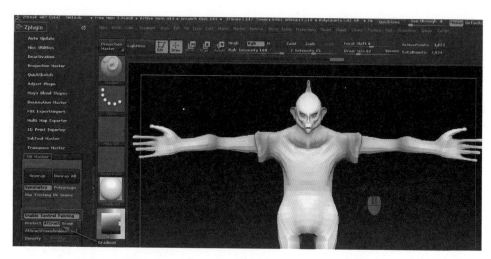

图3-95　Zbrush的UV Master自动展UV大师

Step 02 在Zbrush的UV Master中，蓝色代表Attract（破开）的位置，红色代表Protect（保护）的位置。剪开的位置一般布置在物体背面和看不到的位置。剪开和保护的色彩设置好后，点击Unwrap，展开UV按钮。点击Unflatten切换回三维物体，可以激活CheckSeams，检查UV切线的位置（图3-96）。

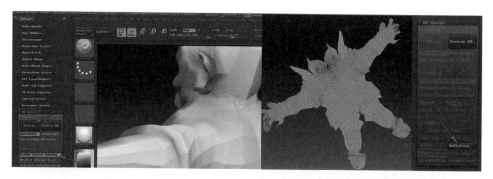

图3-96　UV Master中用蓝色红色区分剪开与保护的区域

Step 03 UV展平除了使用Zbrush自带的UV Master，还常用到Unfold3D和UVlayout这些便捷的UV插件。使用Zbrush的Tool里的Export可以导出OBJ格式文件，再在Unfold3D中将其导入（图3-97）。

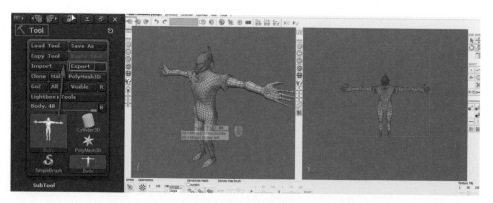

图3-97　Zbrush输出OBJ格式文件导入Unfold3D

Step 04 在Unfold3D中，按住Alt+Shift，鼠标经过之处，可以自动搜索EdgeLoop循环线（图3-98）。

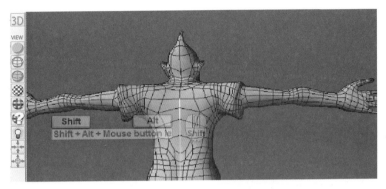

图3-98 Alt+Shift自动搜索循环线

Step 05 在Unfold3D中UV剪切线的位置也需遵循"见不到"原则，即把切线布置在身后、手部下侧、大腿内侧等比较隐蔽的位置，而且尽量把物体整张剪开（图3-99）。

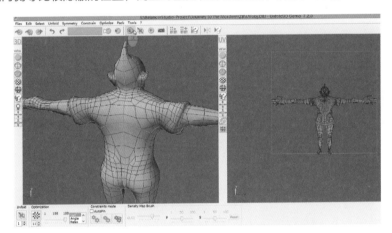

图3-99 UV剪切线的位置遵循"见不到"原则

Step 06 在Unfold3D中，打开对称按钮，让模型UV剪切左右同步进行（图3-100）。

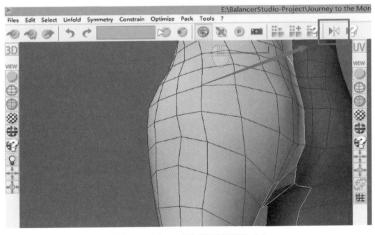

图3-100 对称模剪切型UV

Step `07` 在Unfold3D中，还可以用色彩喷枪定义UV密度，黄绿色是高密度，紫色是低密度（图3-101）。

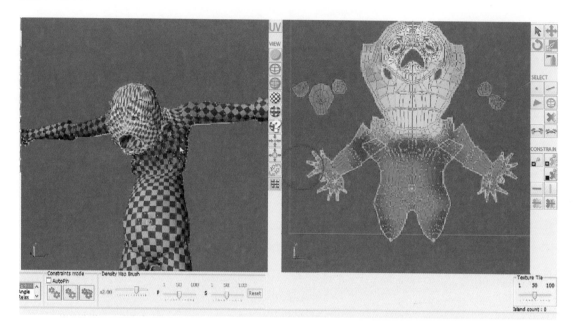

图3-101　Unfold3D中用色彩定义UV密度

Step `08` 布置好切线位置后，点击Unfold展平按钮。如果展平的结果不理想，可以点击撤销展平按钮，调整切线后，再重新执行Unfold展平（图3-102）。

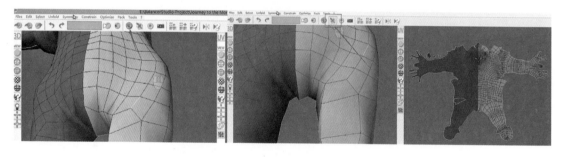

图3-102　执行Unfold展平UV

Step `09` 等到UV展平的结果达到要求，就可以点击Files下的Stamper，导出带UV信息的OBJ格式文件（图3-103）。

Step `10` 完成UV展平工作之后，将OBJ格式导入Zbrush，就可以激活Texture贴图菜单栏Spotlight贴图投射绘制工具，快捷键是Shift+Z。Spotlight就像是在Zbrush中置入了一个微型的Photoshop，给纹理绘制带来了很大方便（图3-104）。

Step `11` 在Zbrush中贴图投射绘制可以调用自己的图片，搜集的图片要放置在Zbrush安装目录Program Files（x86）\Pixologic\ZBrush 4R\ZTextures文件夹里面。在Zbrush中点击LightBox下的Textures就会看到外载的贴图（图3-105）。

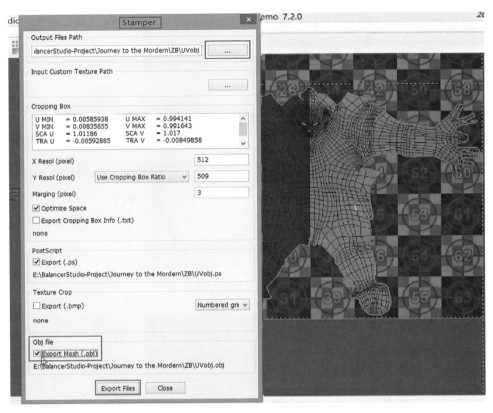

图3-103　使用Stamper导出带UV信息的OBJ格式文件

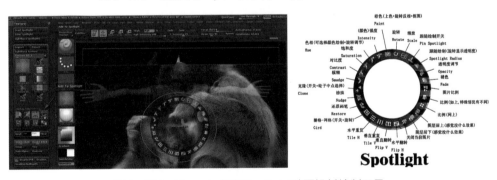

图3-104　Zbrush中的Spotlight贴图投射绘制工具

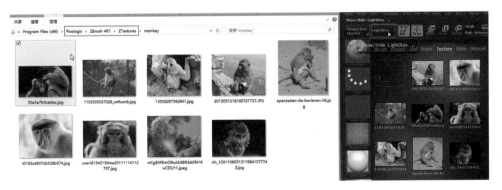

图3-105　在Zbrush安装目录的ZTextures文件夹里加载外部图片

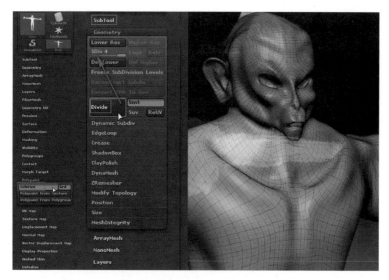

图3-106　使用Subtool的Divide命令增加模型细分

Step 12 激活Polypaint的Colorize上色工具，此功能类似于3ds Max或者Maya的顶点绘制。使用Subtool的Divide细分命令，面数细分得越大，绘制的细节越精致（图3-106）。

图3-107　Zbrush的Layer分层绘制纹理

Step 13 Zbrush的纹理可以使用Layer分层绘制，点击Name可以重命名图层，Rec是激活当前层绘制状态，点击眼睛图标可切换本层内容的显示和隐藏。Bake All是图层合并。切记在执行Bake All之前，要关闭图层Rec绘制记录状态（图3-107）。

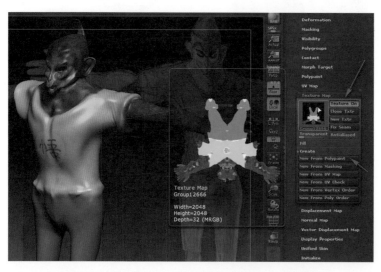

图3-108　将Polypaint多边形绘制转化为贴图

Step 14 在Polypaint多边形绘制完成之后，可以点击Texture Map下面的Creat，其中的New From Polypaint将多边形绘制信息转化成一张新的贴图（图3-108）。

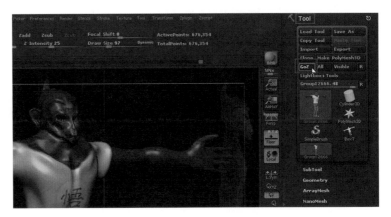

Step 15 完成雕刻和绘
制之后，点击GoZ发送到
其他软件进一步加工（图
3-109）。

图3-109　使用GoZ发送到其他软件进一步加工

3.3　Mudbox贴图绘制

上一节中讲解了Zbrush的基本雕刻和绘制功能，本节将对比使用Mudbox进行讲解。
Autodesk公司在2007年收购的Skymatter Limited公司的旗下著名的模型雕刻与3D绘制软
件Mudbox，此软件最初是由新西兰Weta Digital的工作人员开发的一款独立运行且易于使用的
数字雕刻软件，经过了多位CG艺术家及程序员开发和测试，2005年应用到了彼得·杰克逊的著
名电影《金刚》的生产线上。Mudbox在分层绘制上操作比较丰富，模型无需细分就可以投射精
细的贴图。相比之下，Zbrush就需要将模型进行细分，细分密度决定绘制精细度（图3-110）。

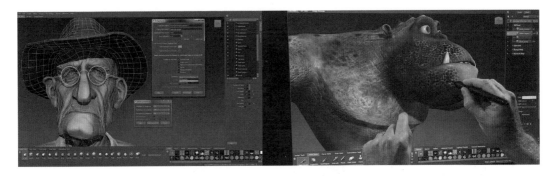

图3-110　Mudbox中细腻丰富的分层绘制

凭借快速、高质量的纹理烘烤功能，Mudbox解决了游戏和电影制作流程中最常见的瓶颈
之一：法线和置换贴图的烘烤。它可以在多个任意网格之间烘烤高质量的法线和置换贴图，且
细节可以烘烤到8、16和32位贴图中。

Mudbox 2014版加入了Retopology（重新拓扑）功能。为最终执行Retopology，需要
先添加引导曲线，点击模型选择Curve Tools>Curve Loop，然后使用曲线循环工具定义周边
地区手臂、脖子和腿。右键单击曲线和定义软硬约束，红色是硬边，橙色是软边。要确保中轴
线、眼睛、嘴循环边缘为硬约束。此外，Make Symmetrical工具可以在拓扑模型时强制拓扑
的镜射。依据初始的Mesh（模型）做镜射时，即使Mesh是非对称的，也能让该Mesh拥有镜
射编辑的空间。操作者可以选择对Mesh的单侧或两侧做复制绘图或雕塑细节，现存的Mesh
也可以用不同轴向来产生镜射（图3-111）。

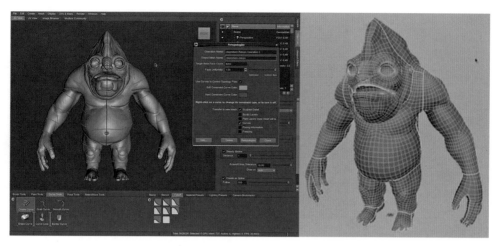

图3-111　Mudbox的Retopology功能

3.3.1　Autodesk Send to数据互传

2005年，Autodesk公司收购Alias公司，并发布Maya 8.0版本；2008年Autodesk收购Softimage XSI；在发布Maya 2008、3dx Max 2008的同时，Autodesk宣布将收购Skymatter Limited公司，并获得著名3D建模软件Mudbox。FBX格式作为Autodesk三剑客（3ds Max、Maya、XSI）的转换中间件，源于Kaydara的FilmBox（后改为现称的Motionbuilder）软件，1996年被Autodesk收购。Autodesk公司在完成了对三维数字制作行业的重大重组并购之后，2010年前后推出了一系列Autodesk Entertainment Creation Suite（传媒娱乐创作套件）（图3-112）。

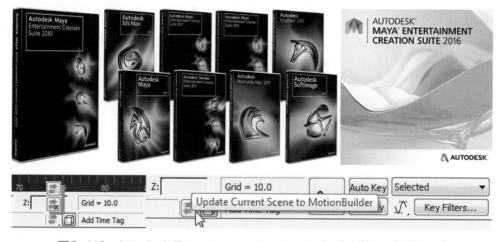

图3-112　Autodesk Entertainment Creation Suite（传媒娱乐创作套件）

从2012版本开始的Send to功能使Autodesk的系列软件，例如Maya、3ds Max、Mudbox、Motionbuilder之间可以传递数据（图3-113）。Send to功能可以传递Autodesk系列软件的模型、贴图、灯光、动作等基本信息，但是特效无法传递，它简化了之前使用FBX、DEA、OBJ中间件格式的导出和导入的繁琐步骤。例如，轻松单击Send To按钮后，即可在3ds Max、Maya、Motionbuilder之间相互发送两足动物CAT装备与HumanIK骨架的转换信息（图3-114）。

图3-113　Send to功能使Autodesk的系列软件之间传递数据

图3-114　Send To功能轻松实现3D数据在3ds Max、Maya、Motionbuilder之间的互传

3.3.2　Mudbox数字化雕塑技巧

在讲解Mudbox雕刻步骤前，先介绍一下Mudbox的各种雕刻笔刷（图3-115）。

图3-115　Mudbox中的雕刻笔刷

① Sculpt（雕刻笔刷）：这是初步雕刻模型大型的工具，可通过移动定点的方式对模型进行雕刻，做大型的时候，可以在笔刷属性里调整出想要的对称轴X、Y、Z。

② Smooth（平滑笔刷）：平滑工具可以将临近的定点的位置互相平均化，从而达到平滑过渡的效果，比如雕刻的时候，可能有的地方太尖锐，或有凹凸不平的地方，就可以用到此工具。

③ Grab（抓取笔刷）：抓取工具可以使操作者对点进行快速的平移操作，而且可以约束定点移动的平面，例如，X、Y方向的约束可以使点只在X、Y平面内移动。Grab工具适合雕刻大型时使用。

④ Pinch（捏夹笔刷）：它可以使抓取定点向中心靠拢，比如做一些褶皱或较硬的边缘时都可以使用。

⑤ Flatten（打平笔刷）：打平工具可以使不同层次的模型细节平铺到一个平面上。

⑥ Foamy（泡状笔刷）：泡状工具是一个辅助雕刻工具。它可以向雕刻工具一样对模型进行雕刻，雕出的部分凸起与周围过渡会很柔和。

⑦ Spray（喷雾笔刷）：喷雾工具主要用于表面和细节的结合，雕刻纹理会随机混合。而且操作者可以选择图像纹理来进行创作。

⑧ Repeat（重复笔刷）：重复工具很有用，它通常用于创建循环纹理。例如，拉链、缝纫线、纽扣，等等。

⑨ Imprint（烙印笔刷）：烙印工具使雕刻纹理像烙铁一样烙在模型的表面。

⑩ Wax（打蜡笔刷）：打蜡工具通常用于模拟模型表面打蜡的效果。

⑪ Scrape（刮痕笔刷）：刮痕工具可以尽量较少或消除突出点，无论在何处使用，它都能快速计算出刮痕所在的平面，然后压扁平面内的点。

⑫ Fill（填充笔刷）：填充工具可以填补模型表面的空洞位置，并且可以平均顶点。

⑬ Knife（小刀笔刷）：小刀工具用于切割模型的表面，它类似于一个真正的刀切进软表面的效果。

⑭ Smear（涂抹笔刷）：涂抹工具可以让顶点在其原有的平面位置进行移动涂抹。

⑮ Bulge（膨胀笔刷）：膨胀工具可以使每个受影响的顶点沿着自己的法线方向创建一个隆起样的效果。

⑯ Contrast（对比笔刷）：对比工具用来进行模型或局部模型对比。

⑰ Freeze（冻结笔刷）：冻结工具可以让部分点锁定并无法修改，操作者可以冻结顶点的细分级。默认情况下，受影响的面出现蓝色时，就表示被冻结了。

⑱ Mask（蒙版笔刷）：蒙版工具可以用来绘制不透明区域的模型，隐藏不需要雕刻的部分。这个工具在使用中大大方便了雕刻和雕刻时对局部的观察。

⑲ Erase（橡皮笔刷）：橡皮工具会移除雕刻层中的雕塑效果，同时原始网格不受影响。

Step 01 从Maya中选择需要雕刻的模型，点击Send to Mudbox进行发送（图3-116）。

图3-116　在Maya中选择模型Send to发送到Mudbox

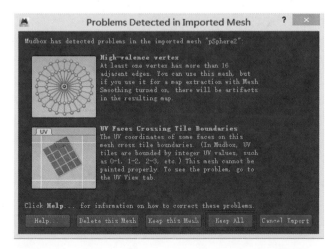

Step 02 如果模型拓扑结构有不合理的瑕疵，会出现Problems Detected in Imported Mesh（警告提示），点击Keep All按钮将模型保持现状导入（图3-117）。

图3-117　Problems Detected in Imported Mesh警告提示

Step 03 模型导入后，在Mudbox中先点W键显示线框结构，再选择物体，按Shift+D增加细分（图3-118）。

图3-118 Mudbox中增加物体细分

Step 04 在Mudbox中点击Sculpt Tools进入雕刻工具栏（图3-119）。

图3-119 Sculpt Tools雕刻工具栏

Step 05 在Mudbox中，选择Properties笔刷属性窗口，点击Mirror（镜像）下拉菜单，选择X轴，激活左右对称雕刻（图3-120）。

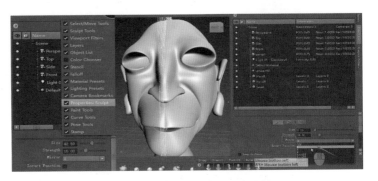

图3-120 激活Mirror镜像雕刻

Step 06 在Properties笔刷属性窗口，勾选Invert Function翻转雕刻朝向，Use Stamp Image是调用笔刷印章（图3-121）。

图3-121 Stamp Image笔刷印章

Step 07 按住M键配合鼠标左键，改变笔刷强度。按住B键配合鼠标左键，改变笔刷半径（图3-122）。

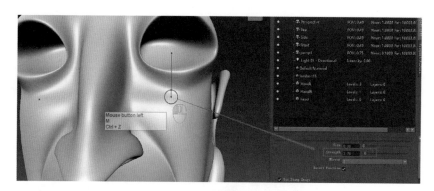

图3-122　笔刷强度与半径调节

Step 08 在雕刻中，Alt配合鼠标左键可进行雕刻朝向翻转，Shift配合鼠标左键可启用光滑笔刷。在Mudbox中，Kinfe（刻刀笔刷）对皱纹、伤疤、凹槽等的雕刻很有帮助。对手部的刻画要注意关节和手筋的雕刻（图3-123）。

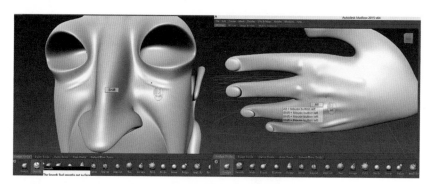

图3-123　使用Kinfe刻刀笔刷针塑造皱纹、伤疤、凹槽

Step 09 在Mudbox中进行分层雕刻，拉动滑动杆可以调整本层的雕刻强度（图3-124）。

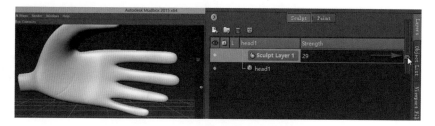

图3-124　调整Mudbox中分层雕刻强度

Step 10 完成对物体的雕刻之后，在UVs&Maps下Extract Texture Maps中，执行New Operation，将要雕刻的细节转化成法线贴图。法线贴图是一种用蓝红色彩记录物体凹凸变化的贴图类型（图3-125）。

Step 11 在Extract Texture Maps选项中，加载模型，将高模的细节传递给低模。在Method发式上，选择Subdivision细分式解算方法。Map Type贴图类型选择Texture，指定Base File Name贴图输出路径，然后点击Extract解算（图3-126）。

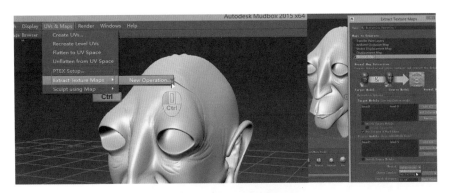

图3-125　准备法线贴图的生成

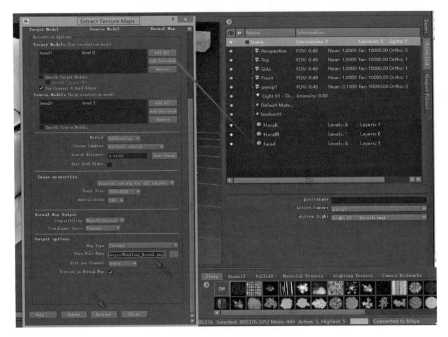

图3-126　设置法线贴图计算方式

Step 12 Extract Texture Maps 贴图解算成功会出现 Finish 提示框（图3-127）。

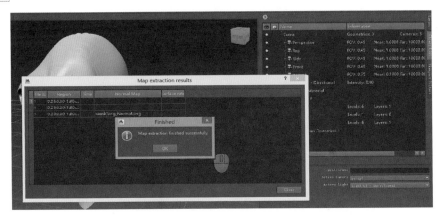

图3-127　Map extraction finished successfully 预示贴图解算成功

图3-128　使用Mudbox的Update按钮发送数据回Maya

Step 13 点击Mudbox界面右下角Update按钮，在跳出的对话框中选择Send base meshes instead，发送低模到Maya中（图3-128）。

图3-129　设置Mudbox发送贴图的路径

Step 14 在Set Texture Paths中，点击绿色的加号键，可以自定义发送的贴图路径。如果Mudbox是与Maya配合使用，可以指定到Maya项目目录中的Sourceimages文件夹（图3-129）。

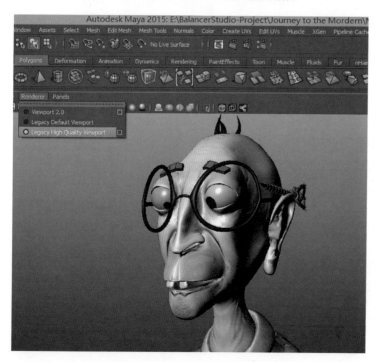

图3-130　在Maya中实时显示雕刻细节

Step 15 将低模传递到Maya后，在Renderer实时渲染显示中切换到Legacy High Quality Viewport高品质显示模式（图3-130）。

3.3.3 Mudbox纹理绘制

本部分以作品《Journey to the Mordern》中的唐僧角色为例讲解用Mudbox与Maya结合绘制贴图的方法，具体绘制过程可参见本书配套光盘。

Step 01 首先，创建的造型要用单色划分形体（图3-131）。

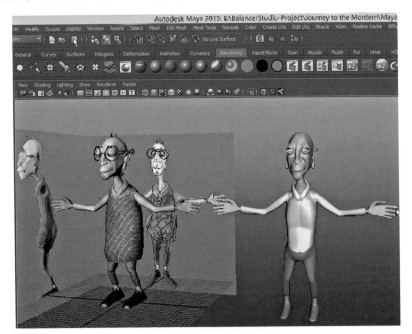

图3-131 用单色划分形体

Step 02 发送到Mudbox中的模型，进入UV View模式进行观察（图3-132）。

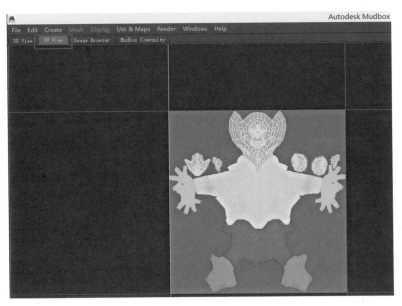

图3-132 Mudbox的UV View模式

Step 03 传递回来的贴图，需要在Windows > Settings/Preferences > Preferences菜单里Application的Other Image files，指定启动程序的Photoshop位置（图3-133）。

图3-133　传递回Maya的贴图指定Photoshop打开

Step 04 启动Photoshop后，可以在选择菜单栏点击色彩范围，用吸管选取色彩范围，然后进行色彩调节（图3-134）。

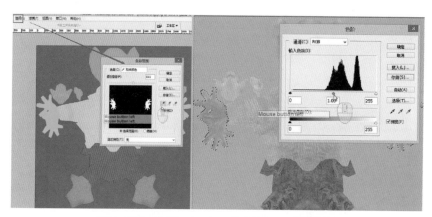

图3-134　在Photoshop编辑Maya中的贴图

Step 05 选择Mudbox的Windows卷展栏的Hotkeys热键设置，可以切换熟悉的Maya或3ds Max的操作模式（图3-135）。

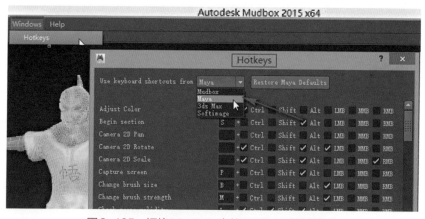

图3-135　切换Mudbox中的Hotkeys热键模式

Step 06 在Mudbox中主要有Sculpt（雕刻）和Paint（绘制）两个重要的功能，而且都是以类似于Photoshop分层处理的形式进行制作的（图3-136）。

Step 07 在Mudbox中的Image Browser面板，可以加载自定义的贴图路径，并选择图片成为Projection投射工具的图案（图3-137）。

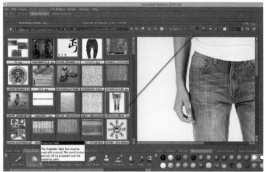

图3-136　Mudbox中的分层绘制 　　　　　图3-137　将自定义贴图进行Projection投射

Step 08 在Mudbox的Projection贴图投射模式下，S键+鼠标中键是平移，S键+鼠标左键是旋转，S键+鼠标右键是缩放（图3-138）。

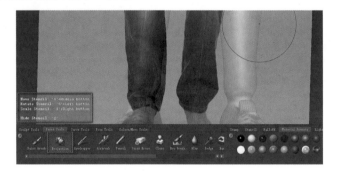

图3-138　Mudbox中的Projection贴图投射快捷键

Step 09 贴图分层绘制后可以使用类似于Photoshop中的图层融合方式进行图形融合（图3-139）。

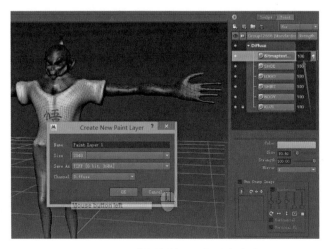

图3-139　贴图绘制图层的融合方式

Step 10 Mudbox有一个比较强大的功能，就是可以将两个形体相似，拓扑不同的造型，进行贴图的传导。这个功能解决了在Zbrush中ZRemesher自动拓扑后，由于模型布线结构产生变化，导致UV和贴图信息消失的难题。在Extract Texture Maps中选择Transfer Paint Layers（传递绘制层），添加对应的来源和目标物体，Target Models是目标模型，Source Models是贴图传递的原始模型。在Method中选择Ray Casting（光线投射方式），点击Extract执行操作（图3-140）。

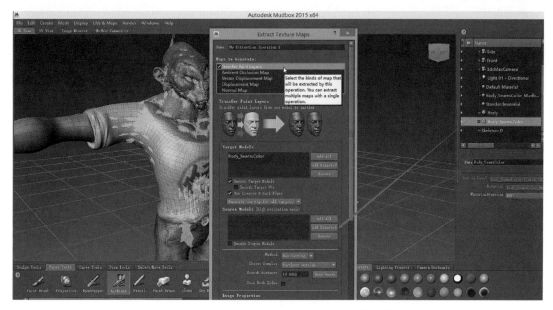

图3-140　Mudbox的Transfer Paint Layers传递绘制层功能

Step 11 执行File>Export All Paint Layers，设置贴图绘制输出路径，可以将Path Template（模板路径）指定为Maya项目的Sourceimage贴图文件夹（图3-141）。

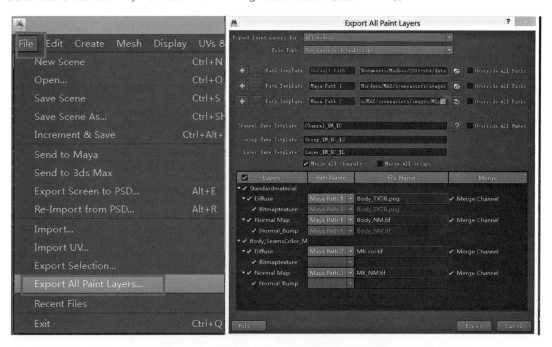

图3-141　设置Mudbox的贴图绘制输出路径

Step 12 设定好导出数据路径后，在右下角的Connected to 3ds Max点击Update，发送贴图到3ds Max中（图3-142）。

图3-142　发送贴图回3ds Max

第4章

交互角色的绑定技术

　　角色绑定是交互角色设计中，决定生物体运动变形合理与否的重要步骤。让角色动起来，其实并不容易，因为动画师要分析物体的运动方式，然后为角色模型绑定类似人类的骨骼，这样才能驱动模型随着骨骼而运动。这些骨骼一般设置在头、手、四肢的关节处，这样角色会做出的跑跳等动作（图4-1）。

图4-1　Maya自带骨骼搭建与插件AdvancedSkeleton超级骨骼

　　随着CG技术的日新月异，骨骼与绑定技术发生了由手动设置到智能简易的演变。无论是3ds Max还是Maya，在早期的角色骨骼绑定环节，都是用普通的Bones或Joint骨骼，然后加上繁琐复杂的约束与脚本，花费大量时间手动完成绑定工作。为了简化这项工作，3ds Max集成了CS和CAT骨骼系统，Maya中出现了Advanced Skeleton超级骨骼这样的插件（图4-1），Maya 2011版本升级到Human IK类人骨骼系统。在新一代骨骼系统的帮助下，制作人员只要匹配好骨骼与模型关节点的位置，复杂的FK（正向动力学）/IK（反向动力学）解算和绑定设置，就会自动生成，设计效率得到大大提升（图4-2）。

图4-2　Maya的HumanIK类人骨骼系统

4.1 3ds Max骨骼系统

3ds Max拥有Bones、CharacterStudio（简称CS骨骼）、CAT三套骨骼系统。其中Bones骨骼是3ds Max 5以来就自带的模块，CS骨骼于2004年集成到3ds max 7，在3ds max 2011版本增添了的CAT骨骼系统（图4-3）。

图4-3 3ds Max自带的Bones骨骼搭建

Character Studio是3ds Max的一个极重要的插入模块，其用来模拟人物及二足动物的动作，由Autodesk公司多媒体分部Kinetix研制的。Character Studio由三个主要部分组成，即Biped、Physique和群组。Biped是三维人物及动画模拟系统，用于模拟人物以及二足动物的动画过程。Physique是一个类似于传统Skin的骨骼蒙皮变形系统。群组，通过使用代理系统和行为制作三维对象和角色组的动画，操作者可使用高度复杂的行为来创建群组（图4-4）。

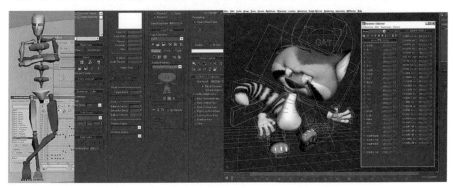

图4-4 3DS MAX骨骼系统Character Studio

CAT（Character Animation Toolkit）是3ds Max的另一个角色动画插件，用于角色绑定、非线性动画、动画分层、运动捕捉导入和肌肉模拟。CAT适合装备多腿角色和非人体多肢生物。通过CAT Motion（运作编辑器），可以沿着路径设置角色动画而不会产生脚步滑动，另外，CAT Motion可以通过调整躯干部位的参数来实时修改循环运动。CAT另一个强大功能是分层系统，在CAT Motion和整个装备层级使用，并在这两个层级设置关键帧权重。CAT支持混合FK和IK，以进行自定义控制。此外，CAT还提供肌肉和肌肉股对象以模拟角色肌肉组织（图4-5）。

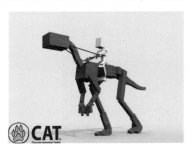

图4-5 3ds Max骨骼系统Character Animation Toolkit

4.1.1 Character Studio骨骼系统

在3ds Max的动画系统中，我们先讲解一下Character Studio骨骼的搭建方法。场景中的模型文件见本书配套光盘。

Step 01 在创建面板Systems系统工具选择Biped骨骼，在视图中创建CS骨骼（图4-6）。

图4-6　创建CS骨骼

Step 02 选择需要蒙皮的物体，用鼠标右键点击Freeze Selection（冻结选择）（图4-7）。

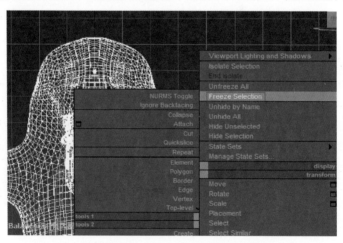

图4-7　Freeze Selection冻结蒙皮的物体

Step 03 进入Figure Mode（体态模式），按W键和F12键，选择CS置心骨骼，使其在X、Y轴数值归零（图4-8）。

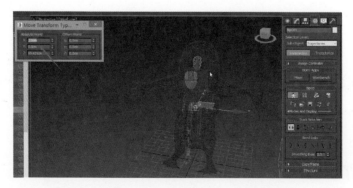

图4-8　选择CS置心骨骼使X、Y轴数值归零

Step 04 在Figure Mode体态模式下，对骨骼数量进行调整。如果模型有尾巴等结构，要在Toe Links设置数量（图4-9）。

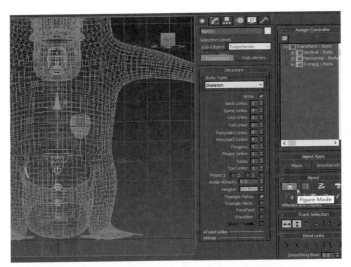

图4-9　在Figure Mode体态模式下调整骨骼数量

Step 05 在CS骨骼中，先调节半边的骨骼，在Figure Mode体态模式下，先创建Col列，拷贝Posture体态，进行镜像复制（图4-10）。

图4-10　镜像拷贝Posture体态

Step 06 选择CS骨骼，按鼠标右键，点击Object Properties物体属性，勾选Display as Box显示为方形线框（图4-11）。

图4-11　将CS骨骼Display as Box显示为方形线框

Step 07　如果想控制角色头部的下颌部分，可以在Xtras点击加载额外骨骼，并制定额外骨骼的父级物体为Bip Head头部骨骼（图4-12）。

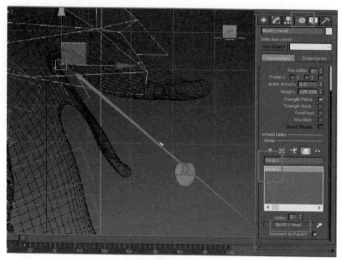

图4-12　给头部的下颌部分添加额外骨骼

Step 08　调节完CS骨骼位置后，关闭Figure Mode（体态模式）按钮（图4-13）。

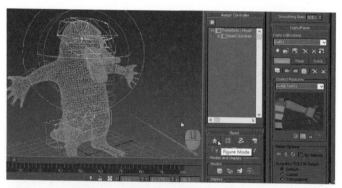

图4-13　设置完CS骨骼位置后关闭Figure Mode（体态模式）

Step 09　选择需要蒙皮的模型，在修改面板中加载Skin（蒙皮修改器）（图4-14）。

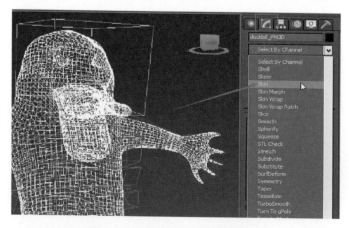

图4-14　加载Skin（蒙皮修改器）

Step 10 在Skin修改器里选择Add（添加）骨骼，在Select Bones选择Bip01及其子骨骼（图4-15）。

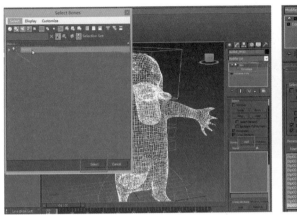

图4-15　在Skin修改器里添加骨骼

Step 11 CS骨骼的步迹编辑模式有走、跑、跳三种。操作者可以在Creat Multiple Footsteps（创建多重步迹编辑面板）设置好相关参数（图4-16）。

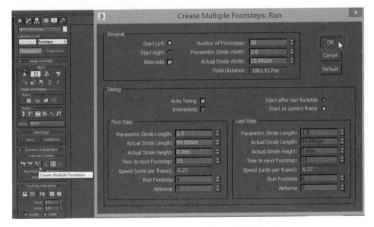

图4-16　CS骨骼的步迹编辑模式

Step 12 编辑好多重步迹的参数后，点击解算按钮，CS骨骼可以自动运算出运动的步伐和轨迹（图4-17）。

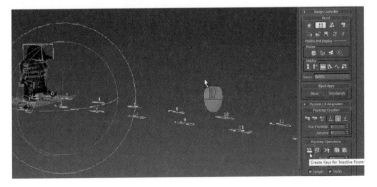

图4-17　解算步迹动画

Step 13 CS骨骼系统可以在Layers层级卷展栏中追加新的动作姿态，原先的动作位置以红色线条显示。选择需要调整的骨骼，点击Key Info卷展栏里面的Set Key（记录关键帧）按钮可以对动作分层制作（图4-18）。

图4-18 给CS骨骼系统添加在新的Layers层级调整动作姿态

Step 14 使用CS骨骼，在关闭Figure Mode（模式）后，可以调用外部丰富的Bip动作库（图4-19）。

图4-19 调用外部丰富的Bip动作库

Step 15 有些Bip格式导入之后，会有步迹标记，点击Convert to freeform按钮，可以将步迹转化为关键帧。在CS骨骼Key帧中有三种特殊方式：接触关键帧（黄色箭头）、滑动关键帧（绿色箭头）、自由关键帧（蓝色箭头）（图4-20）。

图4-20 将步迹转化为关键帧

4.1.2　CAT骨骼系统

　　Character Animation Toolkit（CAT骨骼）系统在2003年10月获得艾美奖（美国电视最高荣誉奖）提名。这个强大的插件由新西兰达尼丁的著名软件公司Character Animation Technologies推出，专门用于增强Max的角色动画功能，集非线性动画、IK/FK工具、动画剪辑管理等强大本领于一身。3ds Max在2011版本之前，针对两足角色，主要使用Character Studio（CS骨骼），要创建复杂的多足类动画只能使用传统的Bones骨骼，且效率很低。CAT的出现，给多足角色的绑定带来了福音。从哺乳类、鸟类到甲壳类，该系统涵盖了绝大多数生物体骨骼构造，且可以自定义设定多条尾巴、脊骨、脊椎链、头部、骨盆、肢体、骨骼节、手指和脚趾。CAT Motion模块可以在短时间内产生一个运动循环，并可以让骨骼沿任意路径进行运动，在运动过程中不会发生脚步滑动的现象。Layer Manager层管理器可以轻松地实现层叠动画，并能对现有动画进行非破坏性地调整，包括参数调整动画和动作捕捉动画。Clip Manager剪辑管理器可以用来读取和保存层动画、导入流行的动作捕捉数据。在完成了孙悟空形象的建模之后，下面对其进行骨骼绑定工作。场景中的模型文件及具体制作过程参见本书配套光盘。

Step 01　点击创建面板的Helper（虚拟体）类别的下拉菜单，点击CAT Objects下拉菜单上的CAT Parent按钮导入"（None）"自定义骨骼形态（图4-21）。

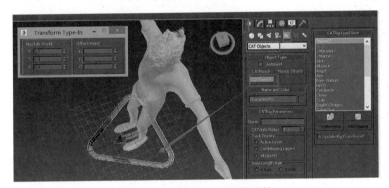

图4-21　创建CAT骨骼系统

Step 02　先点击Creat Pelvis（创建盆骨），使用移动工具在Y、Z轴进行调整（图4-22）。

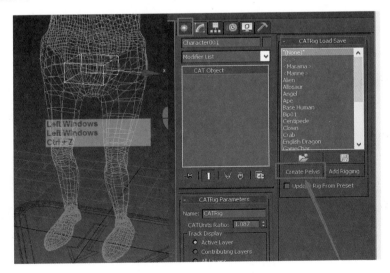

图4-22　Creat Pelvis创建盆骨

Step 03 选择盆骨，点击Add Leg添加腿部骨骼，并调整腿脚的位置（图4-23）。

图4-23　Add Leg添加腿部骨骼

Step 04 选择盆骨，再次点击Add Leg，CAT骨骼会自动添加对称的腿部骨骼（图4-24）。

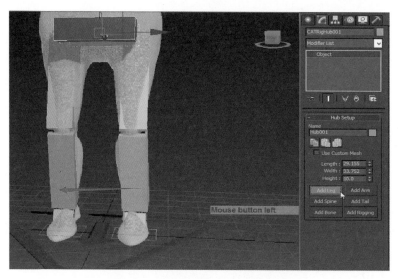

图4-24　自动添加对称的腿部骨骼

Step 05 选择盆骨，点击Add Spine添加脊椎骨骼，调整CAT骨骼的位置大小，使其略微框住物体的外轮廓（图4-25）。

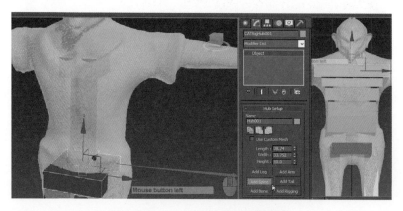

图4-25　Add Spine添加脊椎骨骼

Step 06 选择胸腔骨骼CATRigHUB002，点击Add Arm增加手臂骨骼。选择手掌，在修改面板中的Palm Setup的Num Digits（手指数量）设置为5根（图4-26）。

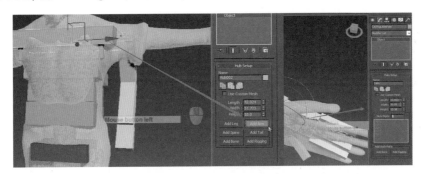

图4-26 增加手臂骨骼

Step 07 左侧手臂调整好位置后，选择胸腔骨骼，再次点击Add Arm会自动添加对称的右侧手臂骨骼（图4-27）。

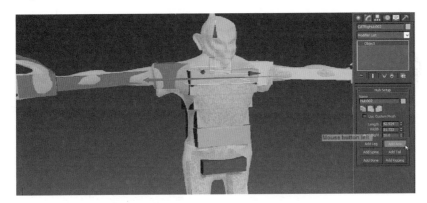

图4-27 自动添加对称的右侧手臂骨骼

Step 08 选择胸腔骨骼CATRigHUB002，点击Add Spine增加颈椎和头部骨骼（图4-28）。

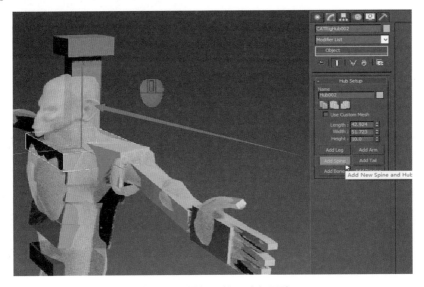

图4-28 增加颈椎和头部骨骼

Step 09 选择颈部骨骼，将Bones数量设置为1。选择CATRigHUB003头部骨骼，将其轴心位置设置到颈椎与头骨衔接处（图4-29）。

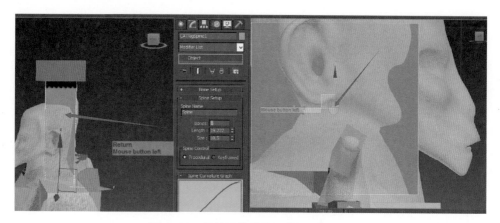

图4-29　调整颈椎数量和头部骨骼轴心

Step 10 选择CATRigHUB003头部骨骼，添加Edit Poly修改器，进入点级别，调整头部骨骼外形（图4-30）。

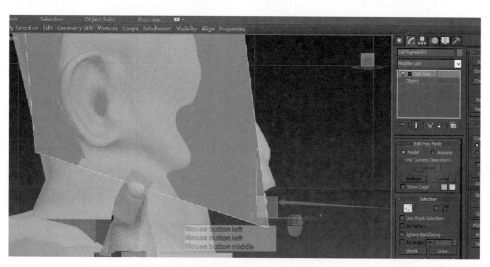

图4-30　调整头部骨骼外形

Step 11 选择CATRigHUB003头部骨骼，点击Add Bone添加下颌骨。选择CATRigHUB003头部骨骼，点击Add Tail添加头部发劵的骨骼（图4-31）。

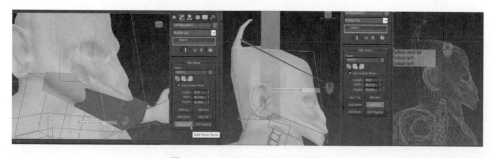

图4-31　添加头部发劵的骨骼

Step 12 选择Display显示面板，在Hide by Category（隐藏物体类型）上，取消勾选Bone Objects，可显示骨骼物体。框选所有骨骼物体，右键点击进入Object Properties物体属性栏，取消勾选Renderable渲染项，并勾选Display as Box，将骨骼物体以方形框进行显示（图4-32）。

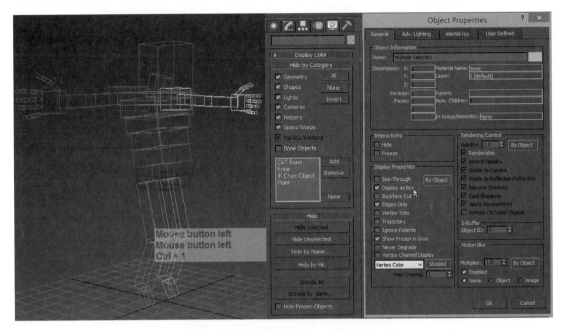

图4-32　将骨骼物体以方形框进行显示

Step 13 在CAT运动编辑面板的Layer Manager层控制卷展栏，点选Add Layer下拉菜单里的CATMotion Layer，然后点击绿色猫爪图标（CAT Motion Editor）运动编辑器。双击2Legs（两足类）里面的GameCharRun，导入一段跑步动作（图4-33）。

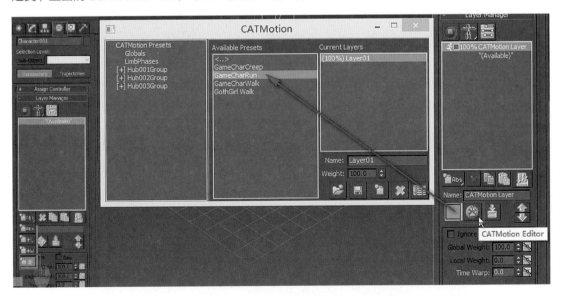

图4-33　在CAT运动编辑面板导入一段跑步动作

Step 14 点击CAT面板中绿色的播放按键和右下角的时间轴播放键。观察角色运动，如果发现模型部分点没有跟随骨骼准确移动，可以参考下一节Skin（蒙皮）权重调节的内容（图4-34）。

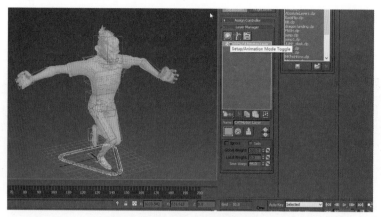

图4-34　播放和观察角色运动

Step 15 如果想让角色沿着曲线运动，可以先在创建面板中，点击Line画出运动的轨迹（图4-35）。

图4-35　创建运动的轨迹曲线

Step 16 在创建面板选择Helpers（虚拟体）类型。创建并选择Point（点物体），在视图中的移动模式下，按Alt+右键是World世界坐标方式。按F12键，让X、Y、Z轴的数值归零（图4-36）。

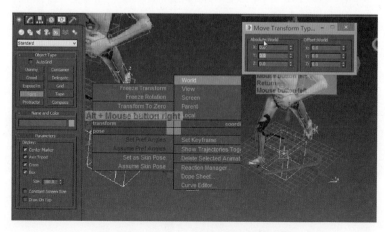

图4-36　将Helpers虚拟体位置归零

Step 17 点击父子链接工具，选择CATRig图标，链接到Point点物体（图4-37）。

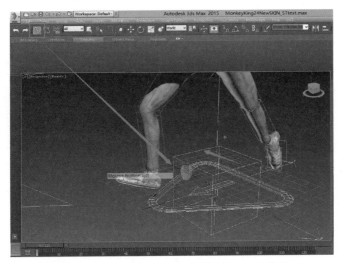

图4-37 将CATRig父子链接到Point点物体

Step 18 选择Point点物体，点击Animation菜单栏下Constraints下Paths Constraints（路径约束），并勾选Follow路径跟随（图4-38）。

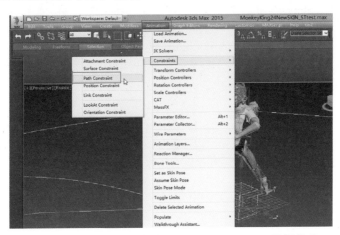

图4-38 Point点物体执行Paths Constraints路径约束

Step 19 选择CAT图标，进入CATMotion Editor（运动编辑面板），在Global属性中，点选Path Node（路径节点），选择Point点物体（图4-39）。

图4-39 将点物体加入到运动编辑面板的路径节点

Step 20 右键点击角度捕捉，属性栏角度幅度设置为90。选择Point（点物体）将其Paths Constraints（路径约束）朝向选为Y轴，并在Y轴旋转90度（图4-40）。

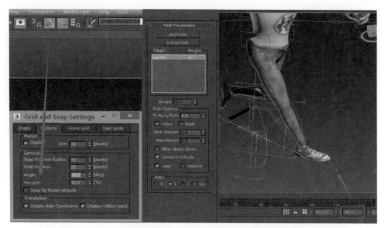

图4-40 调整Point点物体路径约束的朝向

Step 21 调整CAT图标的方向，播放动画观察路径动画（图4-41）。

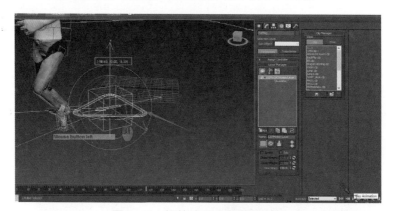

图4-41 播放动画观察路径动画

4.1.3 3ds Max蒙皮技巧

本部分讲解在3ds Max中的蒙皮技巧，以孙悟空形象为例，具体过程参见本书配套光盘。

Step 01 选择需要蒙皮的模型加入Skin蒙皮修改器，点击Add添加CAT骨骼（图4-42）。

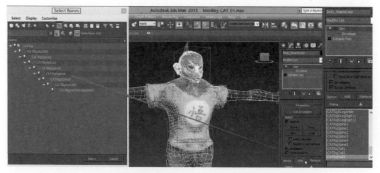

图4-42 给模型的Skin蒙皮修改器添加CAT骨骼

Step 02 进入Skin下的Envelope封套编辑，在Select（选择类别）勾选Vertices（点级别），并在Display卷展栏取消勾选Show All Envelopes（封套）（图4-43）。

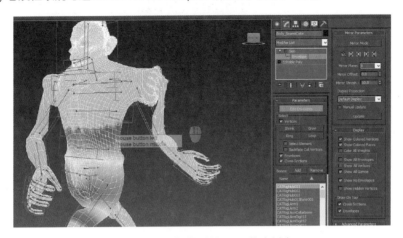

图4-43 编辑模型的Skin蒙皮封套

Step 03 点击Weight Tool蒙皮权重工具，Set Weight权重最大值是1，最小值是0。在权重设置中经常使用"刚性指定"和"排除法"的技巧。"刚性指定"是指定绝对值为1（图4-44）。

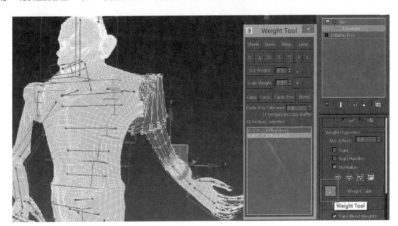

图4-44 调节蒙皮的权重值

Step 04 "排除法"是指所选点完全不受所选骨骼影响，将蒙皮权重设定为0（图4-45）。

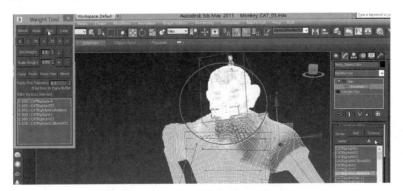

图4-45 将蒙皮点的权重设置为0

Step 05 对于两个骨骼交界的点，分别选择两个骨骼，执行Blend进行融合（图4-46）。

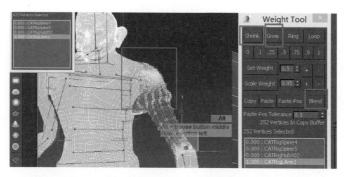

图4-46　对于两个骨骼交界点的权重值执行Blend融合

Step 06 先设置好左侧点的蒙皮权重，激活Mirror Mode镜像模式，左侧的蓝点选中后显示为黄色，点击蓝色镜像到绿色的按钮，完成蒙皮权重的左右镜像（图4-47）。

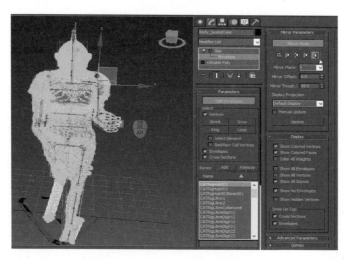

图4-47　蒙皮权重的左右镜像

4.2　Maya角色化系统

Maya最早是加拿大Alias|Wavefront公司在1998年推出的三维制作软件，被广泛用于电影、电视、广告、电脑游戏和电视游戏等的数位特效创作，曾获奥斯卡科学技术贡献奖等殊荣。Maya的前身动画软件Alias就曾参与到《深渊》《终结者2》这些划时代的CG电影制作中，而著名的ILM工业光魔公司一度采购大量Maya软件作为主要的制作软件。

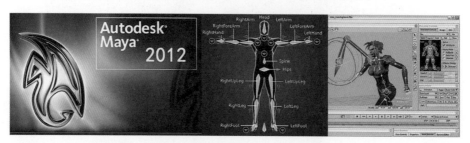

图4-48　Maya2012版本起植入角色化系统HunmanIK

2005年，Maya被Autodesk（欧特克）软件公司收购，并推出Maya 8.0版本。Maya的骨骼自定义能力比较强大，但效率较低。从2012版本起，Maya植入了类似Motionbuilder骨骼装配和角色化系统HunmanIK，提高了两足类角色的装配效率（图4-48）。新版的Maya 2016中针对游戏开发引擎，增加了Game Exporter（游戏数据输出器），利用Game Exporter可以分段保存多个动画片段到单独的FBX格式文件中，并将FBX文件发送到像Unity这样的游戏引擎的工程目录中，方便角色在Unity中快速调用。这也表明了Autodesk Maya除了注重使用"Send to"功能将本公司的软件连接之外，还开始关注与游戏行业的无缝衔接（图4-49）。

在Maya中，对于多足类物体，最好借助AdvancedSkeleton（超级骨骼）这类外置插件（图4-50）。AdvancedSkeleton的性能类似于3ds Max中的CAT骨骼系统，具有面部骨骼绑定的功能，并且可以和HunmanIK配合使用（图4-51）。

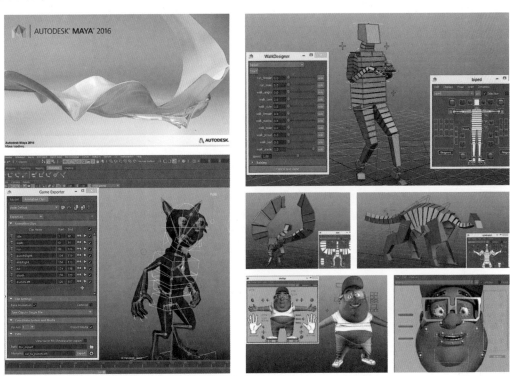

图4-49　Maya 2016针对游戏开发　　　　图4-50　Maya外置插件AdvancedSkeleton
　　　　引擎增加输出接口

图4-51　AdvancedSkeleton的骨骼系统与HunmanIK配合使用

本节所使用的案例形象为《Journey in the Modern》中的唐僧，场景中的模型文件及具体制作过程见本书配套光盘。

4.2.1 HunmanIK角色化系统

Step 01 首先在Maya的Animation动画模块Skeleton菜单栏里激活HumanIK，右侧停靠栏会出现Character Controls，点击Creat>Skeleton生成基本骨架（图4-52）。

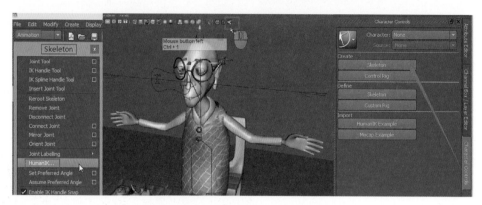

图4-52 创建HumanIK基本骨架

Step 02 将准备蒙皮的模型单独添加到一层，并设置为R参考物体模式（图4-53）。

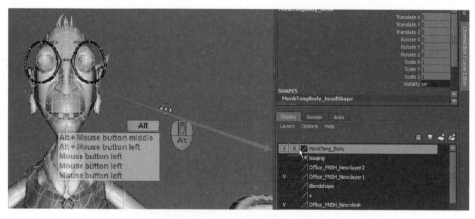

图4-53 将准备蒙皮的模型在显示层设置为参考模式

Step 03 按空格键切换到四视图，用移动工具将左侧的盆骨、脊椎，以及腿脚上的骨骼移到模型对应的关节处。调整手臂和手指各关节的位置，匹配到模型（图4-54）。

图4-54 将左侧的盆骨、脊椎，腿、手臂以及手指各关节骨骼移到模型对应的位置

Step 04 在颈部手动添加下颌的骨骼，并将Joint Display Size（骨骼显示尺寸）设置为0.10（图4-55）。

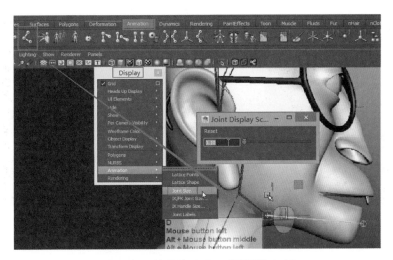

图4-55　将骨骼显示尺寸设置为0.10

Step 05 当调整好脊椎和左侧的骨骼之后，先进行锁定，然后在Character Control面板选择Edit>Skeleton>MirrorLeft>Right，将骨骼进行左右对称（图4-56）。

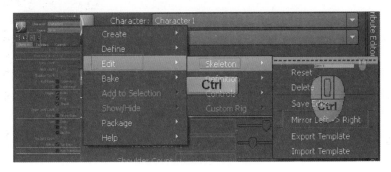

图4-56　将骨骼进行左右对称

Step 06 依次选择身体模型和骨骼，在Animation动画模块下执行Skin>Smooth Bind的柔性蒙皮控制选项，点击Apply进行应用（图4-57）。

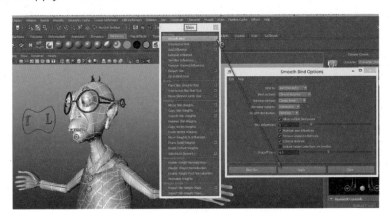

图4-57　对模型进行skin蒙皮

Step 07 在Character Control面板选择Scouce装配驱动来源为Control Rig（控制器）（图4-58）。

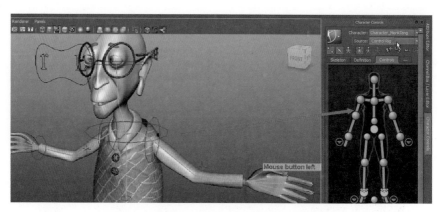

图4-58　激活HumanIK的Control Rig控制器

Step 08 移动角色控制器，发现角色的眼睛和配饰没有移动（图4-59）。

图4-59　移动角色控制器

Step 09 点击Create>Locator创建虚拟体，按Ctrl+A键进入属性面板，设置虚拟体大小（图4-60）。

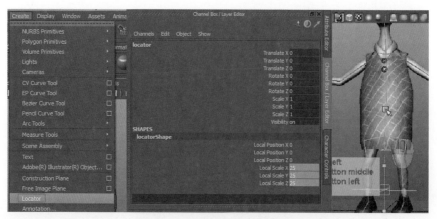

图4-60　创建Locator虚拟体

Step 10 在视图窗口的Show选项中去除Polygon物体显示。按快捷键V，使用点捕捉，将Locator虚拟体吸附到头部骨骼（图4-61）。

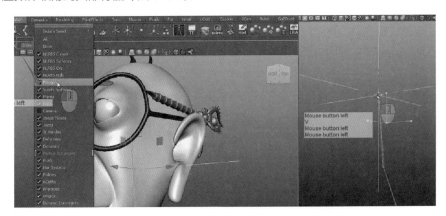

图4-61　将Locator虚拟体吸附到头部骨骼

Step 11 依次选择头部骨骼和Locator虚拟体，选择中Constrain>Parent父子约束，在Parent Constrain Options选项中勾选Maintain offset（允许偏移）（图4-62）。

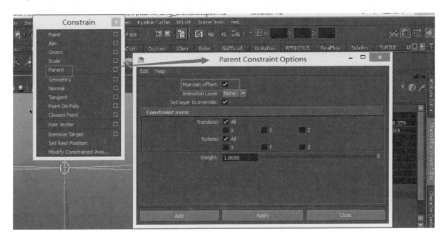

图4-62　Locator虚拟体父子约束到头部骨骼

Step 12 拖动HumanIK的头部控制器移动，观察Locator（虚拟体）是否跟随。测试完毕，点击Stance Pose还原初始姿态（图4-63）。

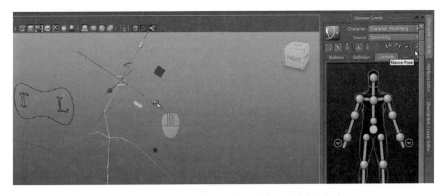

图4-63　Locator虚拟体跟随头部控制器移动

Step 13　先选择角色的眼睛和配饰进行Freezen（冻结变换），再选择Locator（虚拟体），按快捷键P，进行父子链接（图4-64）。

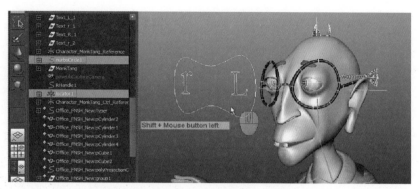

图4-64　将眼睛和配饰父子链接Locator虚拟体

Step 14　依次选择注视目标和眼睛，点击Constrain>Aim Constraint，在注视约束选项中勾选Maintain offset（保持偏移）（图4-65）。

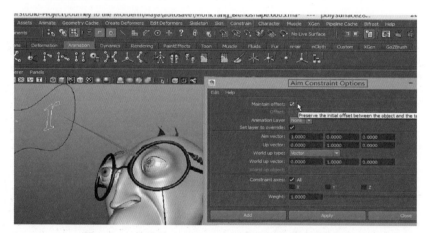

图4-65　将眼睛Aim Constraint注视约束到目标体

Step 15　在Character Control停靠栏，红色标识是Full Body（全身模式），即牵一发而动全身。绿色标识是Body Part（局部模式），即躯干不跟随四肢运动（图4-66）。

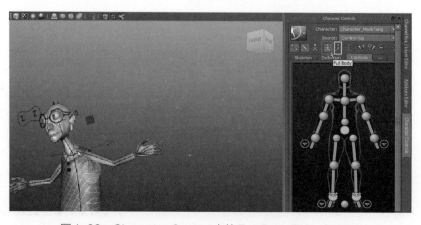

图4-66　Character Control中的Full Body和Body Part

4.2.2　Maya蒙皮技巧

Step 01　在Animation模块下选择Skin>Paint Skin Weight Tool刷蒙皮权重，点击工具属性，展开Tool Setting工具设置（图4-67）。

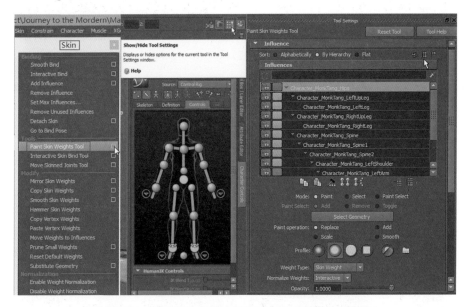

图4-67　使用Paint Skin Weight Tool给蒙皮刷权重

Step 02　在刷蒙皮权重时，选择对应的模型和骨骼，按鼠标左键是加权重，按Ctrl+左键是减权重（图4-68）。

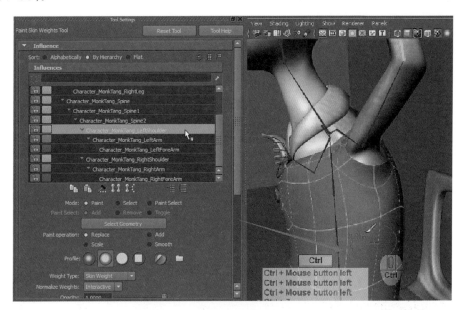

图4-68　使用笔刷方式设置蒙皮权重

Step 03　对于蒙皮权重也可以选择需要调整的点，执行General Editor>Component Editor，调节点的Smooth Skin（蒙皮权重值）（图4-69）。

图4-69　通过调节点的方式设置蒙皮权重值

Step 04 在Component Editor中调节Smooth Skin的值，可以采用和3ds Max权重设置类似的技巧，主要使用"刚性指定"和"排除法"。"刚性指定"是指定绝对值1（图4-70）。

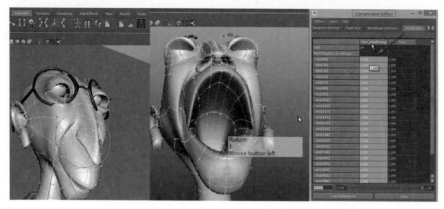

图4-70　在Component Editor中调节点的Smooth Skin蒙皮值

4.2.3 角色表情设置

Step 01 选择头部的模型，按Shift+D复制出表情变形的目标物体。依次选择变形目标和原始头部模型，执行Animation模块下Create Deformers>Blend Shape，创建融合变形（图4-71）。

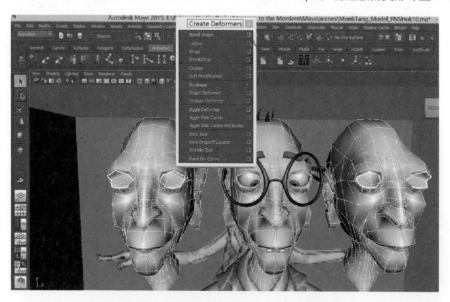

图4-71　选择变形目标和原始头部模型创建融合变形

Step 02 在Blend Shape变形选项中，切换到Advanced高级项，在变形命令排序上，选择Front of chain，让表情变形先于Skin蒙皮命令（图4-72）。

图4-72　Front of chain选项让表情变形先于Skin蒙皮

Step 03 点击Window>Animation Editor>Blend Shape，将变形数值推到1（图4-73）。

图4-73　开大表情融合变形数值

Step 04 点击B键，激活软选择工具，调整表情形态，头部模型也同步变形（图4-74）。

图4-74　头部模型随变形目标同步变形

Step 05 对于Blend Shape（融合变形）的目标物体，在形态上要注意避免调点位置重复（图4-75）。

图4-75　注意避免融合变形目标物体调点位置的重复

Step 06 使用Blend Shape融合变形时，可参考一张二维表情设定图（图4-76）。

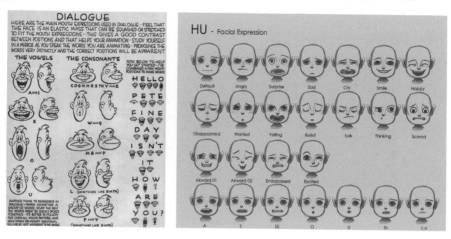

图4-76 二维表情设定参考图

Step 07 除了Blend Shape（表情变形）之外，还可以利用AdvancedSkeleton（超级骨骼）的面部绑定功能制作复杂的表情动画（图4-77）。

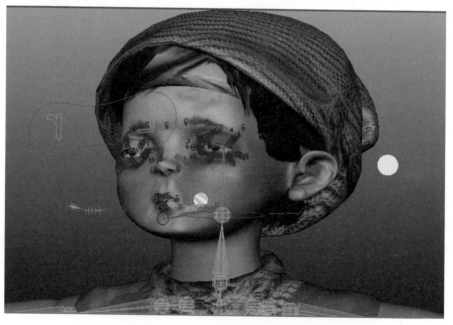

图4-77 利用AdvancedSkeleton面部绑定制作复杂表情

第5章

Kinect体感交互在动画角色动作捕捉上的应用

上一章介绍了角色的蒙皮绑定，本章将会讲解如何利用Kinect制作角色动作。Kinect引领了人机交互设计的第三次革命。2009年末，微软在洛杉矶E3电子娱乐展览会，发布了代号为"Project Natal"的体感技术，并提出"今天各位所见便是游戏的未来"的口号。2010年6月14日，微软将XBOX360体感周边外设正式更名为Kinect（图5-1）。微软的体感外设研发团队的灵魂人物便是"Kinect之父"亚历克斯基普曼（Alex Kipman），这位微软高管出生在巴西，毕业于美国罗彻斯特理工学院，从2001年起入职微软，从业15年，先后在Visual Studio和Windows部门担任工程师。2008年，Alex晋升为高端技术工程师，加入Xbox部门。在这个汇集尖端科技的部门，Alex的创新才能得到了最大程度的发挥，他主导研发的体感设备Kinect开创了第三次人机交互革命的新纪元。

谈到人机交互的前两次革命，都跟另一位神奇人物有着联系，那就是史蒂夫·乔布斯。第一次人机交互革命以1983年乔布斯以自己的女儿为名Apple Lisa电脑首次发布第一款鼠标为代表。随后微软操作系统Windows 3.1宣布对鼠标兼容，从Windows 95开始到现在的Windows 10，鼠标已经成为了电脑的标准配件。第二次人机交互革命以多点触控技术为代表。此技术始于1982年由多伦多大学发明的感应食指指压的多点触控屏幕。2007年，苹果及微软都发表了应用多点触控技术的产品及计划，令该技术开始进入主流应用领域。同年，苹果公司也拿到了多点触控技术的专利，乔布斯由此隆重推出了苹果公司的第一款手机产品iPhone。乔布斯取消当时手机上的普遍使用的键盘，取而代之的是一个巨大的屏幕，使智能手机更加人性化。因此，iPhone在人机交互革命意义的就在用户界面和多点触控技术。在人机交互技术的推动下，计算机读懂人在自然状态所传递命令的能力逐步增强，人类使用机器的门槛逐渐降低。

Kinect for Windows两代产品的差异在于，Kinect第一代（Kinect v1）体感设备最初主要应用于在Xbox 360游戏上，对于Windows平台的开发接口只能使用非官方的解决方案（例如第三方开发软件OpenNI），直到微软终于2011年6月推出Kinect for Windows SDK Beta。开发工具包的使用为交互开发人员在Windows平台上发挥Kinect的技术潜力开启了宽广空间，拓展了Kinect在艺术、教育、医疗等诸多领域应用的可能性。2014年10月，微软发布了公共版的第二代Kinect for Windows感应器及其软件开发工具包SDK 2.0。Kinect for Windows两代产品在技术和性能上存在显著差异（图5-2）。

 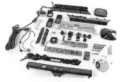  

图5-1　Kinect第一代体感设备　　　　　图5-2　Kinect第二代（Kinect v2）体感设备

5.1 微软Kinect v1的动捕工具应用

5.1.1 Kinect v1简介

Kinect v1（第一代Kinect）采用以色列PrimeSense公司研发的Light Coding光编码技术，这是一种特殊的结构光技术，传统的Structured Light（结构光方法）的光源打出去是一幅具有周期性变化的二维的图像编码，而Light Coding却采用了激光散斑技术，即通过发射红外线激光，透过镜头前的漫反射片将射线均匀分布在投射空间，当射线遇到粗糙物体或穿透毛玻璃后会产生随机衍射斑点，从而形成具有三维深度的立体编码。Kinect的精度和稳定性在cm级，使用距离为1.2m~3.6m，随着距离越来越远，其检测到的精度也越来越小。其中，在使用距离为1.2m处，误差为0.3cm；在使用距离为2.5m处，误差为1.8cm；在使用距离为3.5m处，误差为3.5cm。这就是第一代Kinect仅把手当做一个点进行识别，没有把手指都识别出的原因（图5-3）。

 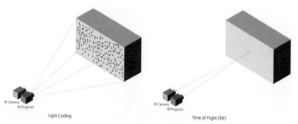

图5-3　第一代Kinect采用Light Coding光编码技术

Kinect v1的硬件要求：32位（x86）或64位（x64）处理器、双核2.66GHz或更快速的处理器、专用的USB2.0总线、2G RAM内存。操作系统要求：Windows7及以上版本。Kinect v1的Depth传感器，采用以色列的PrimeSense公司的Depth传感器技术Light Coding，读取投射的红外线Pattern，通过Pattern的变形来取得Depth的信息。Kinect有3个镜头，中间的镜头是RGB彩色摄影机，用来采集彩色Pattern图像，左右两边镜头则分别为IR Projector红外线发射器和IR Camera接收红外线CMOS摄影机所构成的3D结构光深度感应器，用来采集场景中物体到摄像头的深度数据。彩色摄像头最大支持1280*960分辨率成像，红外摄像头最大支持640*480成像。Kinect还搭配了追焦技术，底座马达会随着对焦物体的移动跟着转动。Kinect也内建阵列式麦克风，由4个麦克风同时收音，比对后消除杂音，并通过其采集声音进行语音识别和声源定位（图5-4）。在开发方面，除了非官方的OpenNI、CL NUI Platform、OpenKinect/libfreenect3种方法外，2011年6月微软推出了Kinect for Windows SDK官方开发包。

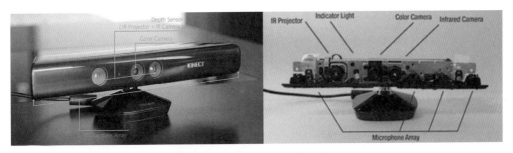

图5-4　Kinect v1内部硬件配置

5.1.2　Moionbuilder体感捕捉角色动作

本部分讲解Autodesk Motionbuilder 2015与Kinect 1.0 Plugin Motion Capture动捕实例。具体过程参见本书配套光盘。Motionbuilder现在提供Kinect 1.0插件，这个插件允许用户在有效空间里，使用第一代Kinect for Windows设备进行身体捕捉，并使用捕获的表演数据来驱动Motionbuilder创建的角色。

Step 01　首先使用Autodesk的Send to功能，将3ds Max或Maya里面的造型传递到Motionbuilder，然后将Motionbuilder中带骨骼的模型Character角色化，保存成FBX文件。清空场景之后，从Assets Browser面板中，将Kinect 1.0插件拖拽到场景中，然后分别执行Create Model Binding（创建模型绑定）、Online（激活Kinect驱动）、Character Path（指定先前保存的FBX文件路径）、SetUp Recording（导入并设置FBX文件）、Calibration（校对T-pose初始姿态）。此时，在Kinect镜头前，我们的肢体行为就可以驱动数字角色，并配合动画帧记录按钮实时捕捉动作信息（图5-5）。

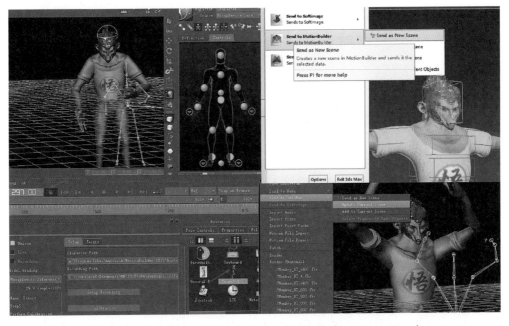

图5-5　将3ds Max或Maya里面的造型传递到Motionbulder中

Step 02　由于3ds Max与Motionbuilder，对于父子级约束命令无法互导，因此要使用传统的父子链接工具，将头部附件的虚拟体链接到头部骨骼（图5-6）。

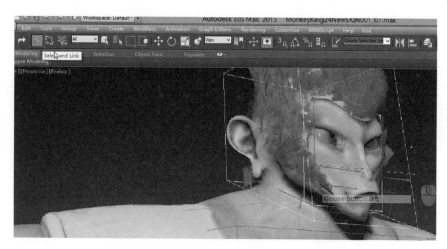

图5-6　将头部虚拟体父子链接到头部骨骼

Step 03 执行Send to>Send to Motionbuider>Send as New Scene>发送角色数据（图5-7）。

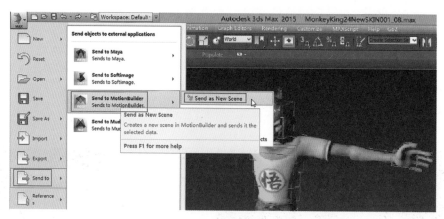

图5-7　发送3ds Max角色数据到Motionbuider

Step 04 进入Motionbuilder，在Character Controls>Source角色控制源选择Control Rig，并使用FK/IK模式（图5-8）。

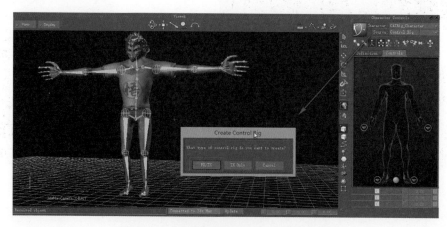

图5-8　角色控制源选择FK/IK模式绑定

Step 05 先将角色保存，文件夹位置是D:\Program Files\Autodesk\Motionbuilder 2015\
OpenRealitySDK\scenes（图5-9）。

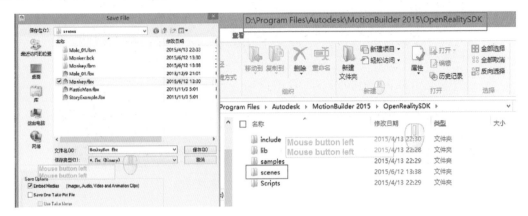

图5-9 将角色保存在OpenRealitySDK开发目录的scenes文件夹

Step 06 新建场景，将Asset Brower里面的Kinect 1.0插件拖拽到空白场景，并在Navigator>
Devices>Model binding>Creat生成驱动骨骼（图5-10）。

图5-10 将Kinect 1.0插件拖拽到空白场景

Step 07 激活Mocap Devices动作捕捉硬件驱动中的Online实时在线模式（图5-11）。

图5-11 激活动捕驱动的实时在线模式

Step 08 真人在Kinect以T-pose姿态站立片刻，Kinect插件便会实时传递动作（图5-12）。

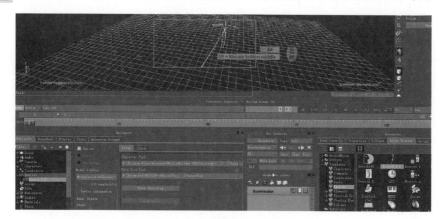

图5-12　Kinect插件实时传递动作

Step 09 在Character Path路径指定OpenRealitySDK\scenes中保存的文件（图5-13）。

图5-13　Character Path路径指定OpenRealitySDK\scenes中的文件

Step 10 在Devices的Setup项，点击Setup Recording导入同步捕捉的角色（图5-14）。

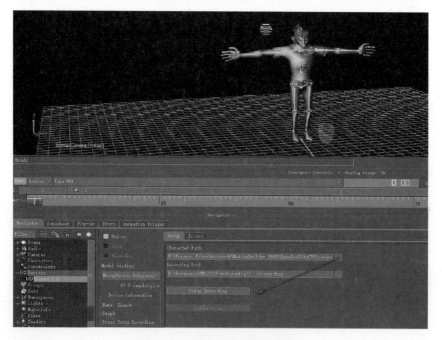

图5-14　导入同步捕捉的角色

Step 11 在Devices的Setup项，点击Calibration（解算），允许Stand in front of the camera for calibration（让真人站在Kinect摄像机前）。一声提示音后，自定义角色捕捉同步（图5-15）。

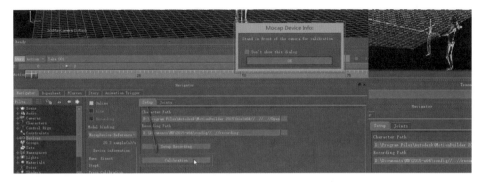

图5-15　自定义捕捉角色同步进行Calibration解算

Step 12 先点击红色记录按钮，再点击播放按钮，实时录制Kinect捕捉动作（图5-16）。

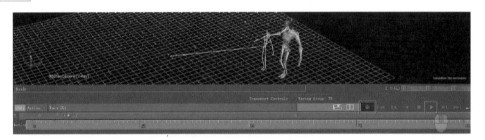

图5-16　实时录制Kinect捕捉动作

Step 13 执行Send to 3ds Max>Update Current Scene命令，更新Motionbuilder场景信息发送回3ds Max（图5-17）。

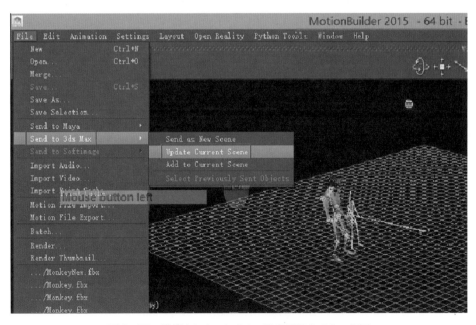

图5-17　发送Motionbuilder信息回3ds Max场景

Step 14 Motionbuilder的数据导入3ds Max后，先删除MocapDecive和CATRig_Character_Ctrl下的动捕辅助骨骼（图5-18）。

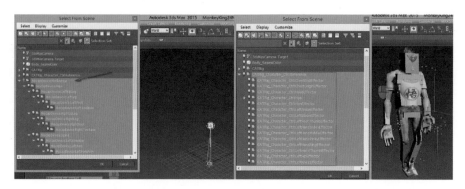

图5-18 删除MocapDecive和CATRig_Character_Ctrl其下的辅助骨骼

Step 15 在3ds Max中，只显示骨骼物体，设置其显示为线框且不参与渲染（图5-19）。

图5-19 设置骨骼物体显示为线框且不参与渲染

Step 16 在3ds Max的CAT系统中增加世界层和局部层，修正位置和朝向错误（图5-20）。

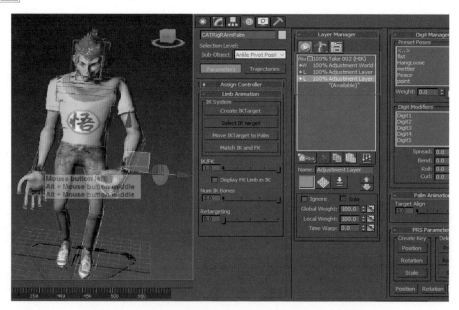

图5-20 3ds Max的CAT系统中增加层进行调整体态

Step 17 在3ds Max中，如想进行更细致的调节，可以进入曲线编辑器，去除关键帧中的"钉子"点（图5-21）。

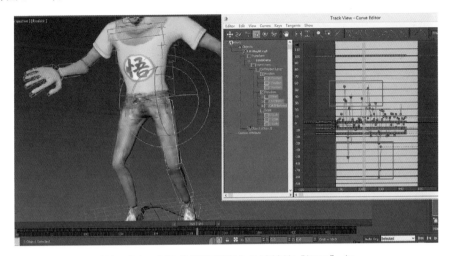

图5-21　去除曲线编辑器中关键帧的"钉子"点

5.1.3　iClone动画角色体感捕捉技术

本部分介绍Kinect v1使用iClone 5.4动捕插件的案例，角色形象选择唐僧。在准备使用自定义模型进行Kinect动作捕捉前，首先从Maya或3ds Max导出带有骨骼和蒙皮的FBX文件，使用iClone的3DXchange Pipeline数据传送软件，在离线状态下导入FBX文件，在修改栏Character设置上选择Convert to Non-Standard，在预置中选择Maya或3ds Max对应的骨骼匹配选项，点击Active（激活）和Convert（转入）按钮，执行Apply to命令发送到数据iClone中，在Animation的Motion选项中，激活Device Mocap（动捕设备）。

Mocap Device Plug-in是iClone的一个专业的动态捕捉装置插件，借由Kinect的动作捕捉使用自己的身体来操控虚拟角色。iClone的Kinect动作捕捉系统能同步模拟角色的配件互动，如粒子特效、物理动态等，这些都可以即时反应在虚拟场景中。

在预览并确认实时表演和粒子特效及物理模拟无误之后，可录制动画帧。在Timeline时间线上，展开RootNode的Motion和CollectClip这两个选项，框选时间范围，Add to 3DXchange发送回数据传送软件，在3DXchange中输出带有动作信息的FBX文件，回传到Maya中（图5-22）。

图5-22　Kinect v1使用iClone 5.4动捕插件案例

Step 01 Maya中的角色化模型在进入iClone前，要先将FBX数据导入到3DXchange中进行格式转化（图5-23）。

图5-23　利用3DXchange进行格式转化

Step 02 在Character Setup设置上，选择Convert to Non-Standard，将角色绑定转化为非常规模式（图5-24）。

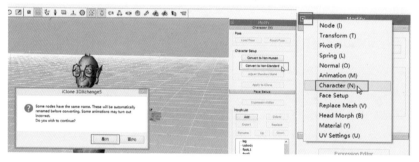

图5-24　角色绑定转化为非常规模式

Step 03 在Characterization Profile下Presets预置中选择Maya HunmanIK激活角色控制器（图5-25）。

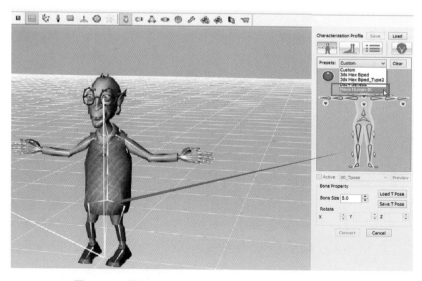

图5-25　激活预置中的Maya HunmanIK角色控制器

Step 04 角色化后，可以在预置的动作中进行预览，之后返回T-pose（图5-26）。

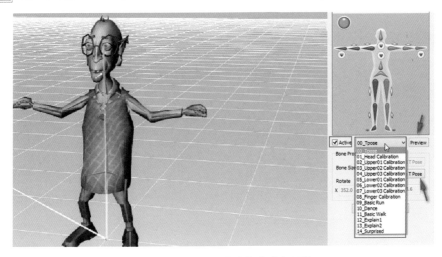

图5-26　在预置的动作中进行预览

Step 05 进入Modify修改栏，点击Apply to iClone，将角色传送到iClone中（图5-27）。

图5-27　将3DXchange角色传送到iClone中

Step 06 在MixMoves Motion List列表里调入动作进行测试（图5-28）。

图5-28　调入Motion List动作列表进行测试

Step 07 先运行软件Abcap Device Phig-in(kinect for Windows) v1.21并激活Connect连接按钮，再点击Device Mocap，调出Mocap Device Plug-in这个iClone的Kinect动捕插件（图5-29）。

图5-29　iClone的Kinect动捕插件Mocap Device Plug-in

Step 08 点击Device Consolc的Record并按下空格键进行实时捕捉（图5-30）。

图5-30　Device Consolc记录设备实时捕捉信息

Step 09 点击Timeline按钮，显示时间线窗口。在iClone的Timeline窗口的Motions（运动）数据条，框选一个片段执行Add to 3DXchange，将数据发送回3DXchange（图5-31）。

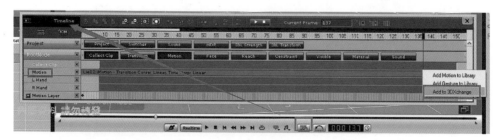

图5-31　框选iClone的时间线的动作数据条可发送回3DXchange

Step 10 点击File>Export to Other 3D Format>Export FBX 导出FBX格式（图5-32）

图5-32　在iClone中导出FBX格式文件

Step 11 在Maya中Import（导入）FBX格式文件（图5-33）。

图5-33　在Maya中Import导入FBX格式文件

5.2　Kinect v2的动捕工具应用

Kinect v2使用MyMocap、iPi Soft和Brekel，最终将动作数据传送到Maya和3ds Max。与上一代Kinect v1的Motionbuilder2015和iClone动捕插件相比，Kinect v2的动捕工具普遍不能使用自定义模型实时采集动作信息，只能通过前期采集和后期导入，分步捕捉动作。

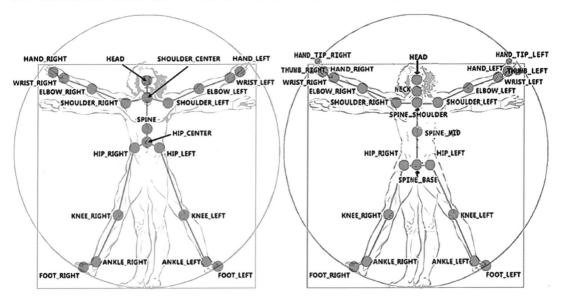

图5-34　Kinect两代产品获取骨骼点对比

Kinect v2采用了Time of Flight（TOF）这种主动式深度感应技术，使用激光探测目标物。顾名思义，Time of Fglight就是去计算光线飞行的时间。首先让装置发出脉冲光，并且在发射处接收目标物的反射光，借由测量时间差算出目标物的距离。Kinect v2能取得25个骨骼点，比上一代增加了5个，分别是头（Neck），指尖（HAND_TIP_LEFT，HAND_TIP_RIGHT），大拇指（THUMB_LEFT，THUMB_RIGHT），这样一来不仅手的位置，大拇指和指尖的细小信息也可以获取（图5-34）。Kinect v2，彩色为1080P，深度摄像头为512*424，能识别6个人的骨骼，并且识别稳定精度高（图5-35）。

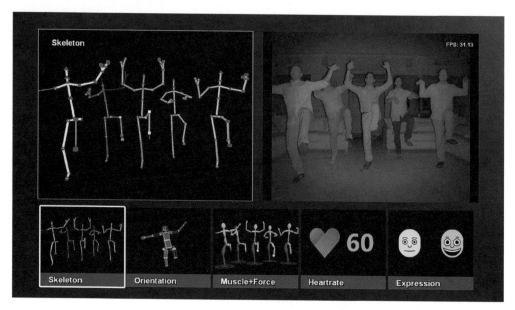

图5-35　Kinect v2最多识别6个人的骨骼

5.2.1　Kinect v2配置要求

在硬件配置方面，Kinect v2（第二代Kinect）比上一代产品有更高的要求。其传感器包含了一颗1080P的摄像头，能够追踪用户的运动和识别语音命令。Kinect v2图像传输速率约为250M/s，所以必须启用USB3.0，且要求Windows 8/Windows 8.1 64位系统，以及i7 2.5.GHz或更快的处理器。另外，要达到4GB的内存，支持DirectX 11的图形卡（图5-36）。

图5-36　Kinect v2对USB接口和系统的要求

Kinect v2的Depth深度传感器，采用的是Time of Flight的方式，通过从投射的红外线反射后返回的时间来取得Depth信息。Depth传感器看不到外观，不过Color Camera旁边是红外线Camera（左）和投射脉冲变调红外线的Porjector（右）。微软宣称，Kinect v2具备新的主动式红外技术，3个红外增强器使其即便在黑暗的房间里也能看到探测对象（图5-37）。

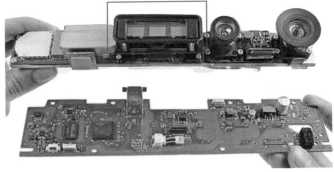

图5-37 Kinect v2的Depth深度传感器

安装Kinect v2 SDK和SDK Browser（Kinect for Windows）v2.0应用的具体步骤如下。点击"Kinect Configuration Verifier"进行系统软硬件的检测，使用Kinect配置验证程序工具确保PC或平板电脑满足兼容性要求，并检查系统中是否存在任何已知问题，以及验证系统是否正在为GPU运行最新的驱动程序（图5-38）。

图5-38 Kinect配置验证程序工具

5.2.2 Brekel Pro Body体感捕捉与动画数据传递

针对Kinect v2，来自荷兰阿姆斯特丹的Jasper Brekelmans（贾斯珀·布利克莱曼斯）开发了一个在Windows平台进行动捕的应用程序Brekel Kinect Pro Body v2。此工具可以实现从客厅或办公室，多达6人的无标记人体动作捕捉（图5-39）。

Brekel Kinect Pro Body支持手部、脚部及头部的旋转运动，能够以FBX、BVH、TXT格式记录到磁盘内，或是实时流传输到Motionbuilder（图5-40）。

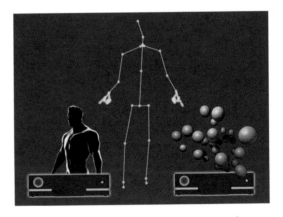

图5-39 Brekel Kinect Pro Body v2

图5-40　Brekel Kinect Pro Body动捕界面

BVH格式可以配合3ds Max中的CAT骨骼系统，导入动作信息，互传给其他CAT骨骼角色（图5-41）。

图5-41　Brekel Kinect Pro的BVH格式导入3ds Max的CAT骨骼

5.2.3　iPi Mocap动捕技术与3ds Max角色动画

iPi是基于Kinect的体感动作捕捉软件，其特点是运用点云模型推算骨骼位置。此软件由数据采集和解算分析两个独立的模块组成，分别是iPi Recorder和iPi Mocap Studio（图5-42）。

图5-42　iPi Recorder和iPi Mocap Studio

iPi Soft Pro可调用多个体感摄像头，例如Microsoft Kinect、ASUS Xtion或Ps3 Eye摄像头，而使用单个Kinect可捕捉幅度小、转体不明显的动作（图5-43）。

图5-43　iPi Soft Pro可调用多种体感摄像头

常见深度传感器Depth Sensors主要有微软Kinect和华硕Xtion。免费测试版的iPi Soft可以带起4个深度传感器，以及3~16个索尼的PS Eyes，付费版的iPi Soft可以带起1~2个深度传感器，以及3~6个索尼的PS Eyes（图5-44）。

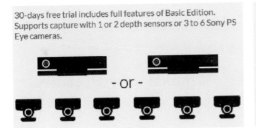
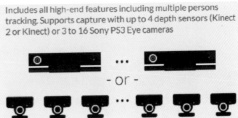

图5-44　iPi Soft不同版本对深度传感器数量的限制

Step 01　在正确安装好Kinect驱动后，打开iPi Recorder可以看到Kinect图标。点击Setup按钮，进入Kinect视图窗口，此时可以看到深度和彩色图像，点击Background按钮对背景进行分析，再点击Evaluation评估按钮记录背景，点击Record按钮再点击Start按钮开始记录动作数据，注意捕捉时地面要预留一定空间，并避免解算时角色发生倾斜（图5-45）。

图5-45　iPi Recorder记录动作数据

Step 02　完成动作捕捉后，保存iPiVideo格式文件并导入iPi Mocap Studio，在Actor Parameter窗口中选择角色性别、身高，将软件中的标准Actor（模型）通过位移与旋转操作，跟摄像头中的立体点云模型进行对位。点击Refit Pose按钮，让角色骨架更精确地匹配点云模型，完成之后点击

Track Forward按钮向前追踪开始解算动作。当解算过程中出现错误时，可以暂停解算，手动对好位置以后再点击Track Backward按钮向后追踪，直到修正有错误的部分为止（图5-46）。

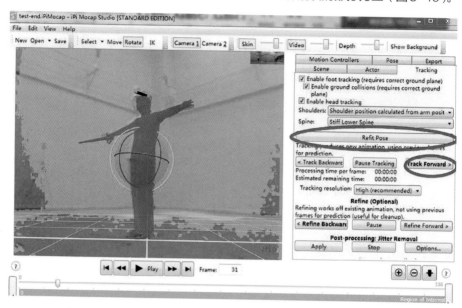

图5-46　iPi Mocap Studio导入iPi Video格式并调整骨骼位置

Step 03　解算完成后需要后期Jitter Remove（去抖）和Trajectory Filtering（轨迹线过滤），完成后导出BVH或者FBX格式动画数据，该格式可以在3ds Max或者Maya中导入并应用到角色的骨骼中（图5-47）。

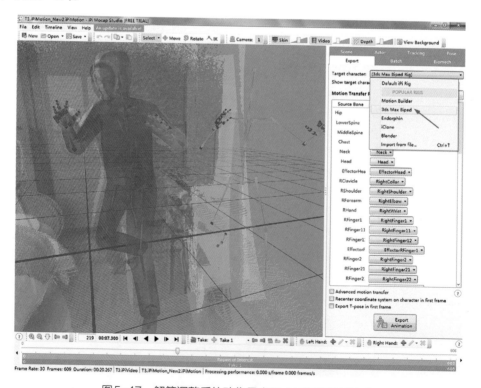

图5-47　解算调整后的动作导出BVH或是FBX格式

Step 04 注意，为了让3ds Max中CAT的Rig Mapping骨骼映射图匹配准确，要在File > Set Target Character中，事先选择3ds Max Biped 骨骼命名方式（图5-48）。

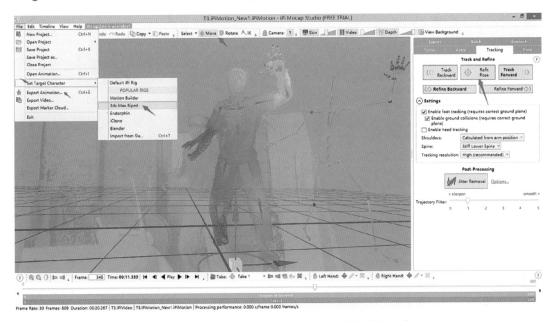

图5-48　导出时选择3ds Max Biped 骨骼命名方式

Step 05 以3ds Max为例，使用CAT骨骼系统，在Capture Animation中导入BVH动作数据，传导给自定义的角色（图5-49）。

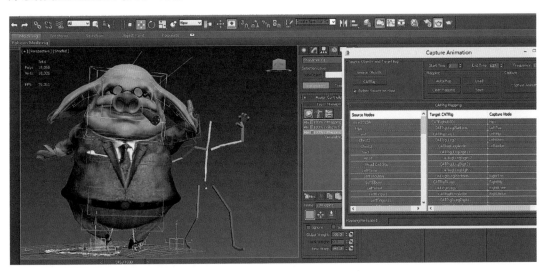

图5-49　在3ds Max的CAT骨骼中导入iPi Mocap Studio制作的BVH动作数据

5.2.4　MyMocap动捕工具与Maya角色动画

MyMocap是由国内动画师栗枭鹰开发的一款针对Maya的Kinect v2动作捕捉软件，是现有的为数不多的支持Kinect v2的动作捕捉软件。此软件需要搭建WIN8系统、I7处理器以及USB3.0的硬件环境（图5-50）。

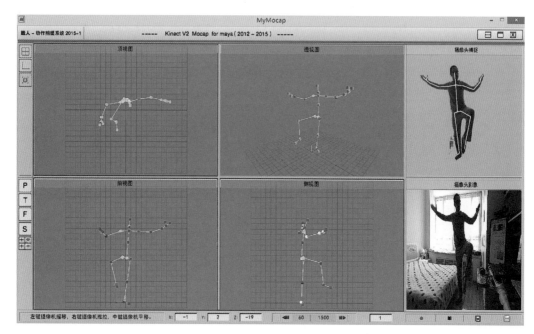

图5-50　针对Maya的Kinect v2动作捕捉软件MyMocap

此工具支持FK（正向动力学）和IK（反向动力学）两种捕捉方式。用FK模式捕捉时会稍微抖动，用IK模式捕捉更稳定，参数设置较为复杂。捕捉前，建议将Kinect摄像头放在前面半人身高的位置，且周围的环境尽量空阔，地板无发光情况。在捕捉时，演员站在摄像头前3~4米的位置，手臂保持水平2秒左右，捕捉系统就会自动打开。为了提高运算速度，此软件采用计划时间采集，先选择时间范围，然后再进行捕捉。捕捉数据生成后，软件会按时间自动命名，存在安装目录Files文件夹里，存储为ma格式。

推荐使用Maya 2012或者更高的版本，直接使用HumanIK进行动作数据传递。默认捕捉帧频率为25f/s。使用IK方式捕捉的ma文件，可以调用开发者提供的MEL脚本，进行骨骼的显示与装配，达到更直观显示效果；而使用FK模式捕捉的文件，可以在第0帧的位置进行标准设置操作（图5-51）。

图5-51　MyMocap可配合HumanIK进行动作数据传递

第6章

Unity引擎在交互设计中的应用

　　上一章我们讲解了利用Kinect制作角色的动作，本章我们将介绍Unity游戏引擎如何配合Kinect体感设备，以及以案例方式讲解如何利用Unity实现对角色的交互控制。具体操作过程参见本书配套光盘。

　　Unity是一个灵活、强大的开发平台，用于打造多平台的3D和2D游戏和互动体验。Unity引擎是由UnityTechnologies开发的一个让玩家轻松创建诸如三维视频游戏、建筑可视化、实时三维动画等类型互动内容的多平台的综合型游戏开发工具，是一个全面整合的专业游戏引擎（图6-1）。

　　Unity Technologies源于丹麦哥本哈根，目前公司总部位于旧金山，Unity三大创始人是Joachim Ante（乔基姆·安堤）、Nicholas Francis（尼古拉斯·弗朗西斯）和David Helgason（大卫·赫尔加森）。当他们最初开始开发Unity的时候，市场上可用的能简化游戏设计、让游戏开发更快速的工具很少，所以他们试着去填补这一空白。在2001年一起创作一款游戏时，他们开始开发Unity。Unity的开发始终专注于减少游戏开发过程中的障碍，让游戏开发门槛降低，使得这个工具适用于更多的受众。它让开发者有能力快速开发优秀的游戏，并轻而易举地把游戏拓展至多个平台，利用丰富的功能套件，开发者可以开发出自己所能想象到的任何东西。

　　Unity的第一个版本在2005年苹果全球研发者大会发布，此后不断增加对不同平台的支持：Windows、Unity Web Player、iOS、Android、

图6-1　专业交互设计引擎Unity

Wii、PS3、Xbox 360、Linux、Windows Phone 8、Windows Store、BlackBerry 10以及PlayStation Vita，现在的Unity 5已具备兼容Tizen、Xbox One、PlayStation Mobile、PlayStation 4、PlayStation Now的功能。

　　Unity的核心理念是尽可能地让更多人可以成为游戏开发领域的一员，因此开发者们提供了很多免费的产品或功能。Unity还成功发起了Asset Store，世界各地的开发者可以在上面购买或销售包括从编辑器扩展工具到3D模型的任何资源，来为游戏创作提供更大的帮助。

　　Unity的CEO David Helgason认为，每个时代都有其对应的技术方案。在开发的初期，Unity创始人对工作流程做了很多创新的设想，而且花了很大的精力去考虑如何能更轻松地导入3D Studio、Maya和Photoshop文件。之后又发布Mecanim角色动画系统，专门处理动画数据，以及快速解决在多个角色间做复杂的动画合成。

6.1　Unity导入交互动画角色

　　角色在进入Unity前要准备好基本的动作，例如走路、奔跑、跳跃、待机等。在Unity官方提供的角色装配与控制方式上，主要有三类：Legacy（传统模式）、Generic（通用模式）、Humanoid（类人模式）。本部分将分别以案例进行讲解具体过程见本书配套光盘6.1。

6.1.1　Autodesk角色的导入

　　在角色导入Unity之前，根据Unity的Legacy、Generic、Humanoid这三种不同角色化装配模式，有针对性地设计FBX动作文件。

　　FBX的准备主要是三种，第一种是每个动作一个文件，第二种是将几个动作串联在一个动作片段中，第三种是用3ds Max将各个动作发送到Motionbuilder每个Take动作层，在Motionbuilder中生成一个FBX文件。

　　以Legacy模式为例，其特点是，动作主要是原地进行，走跑之类的动作没有前后左右的位移。在Humanoid和Generic角色化模式中，走跑之类的动作需要有空间偏移。下面首先讲解使用3ds Max的CAT系统设计动作，并串联成一整段动作的方法。

Step 01 打开在第4章4.1中用CAT装配好的角色。在CATRig的Clip Manager里面加载之前保存的动作片段，并在Cilp Option选项中设置导入时间（图6-2）。

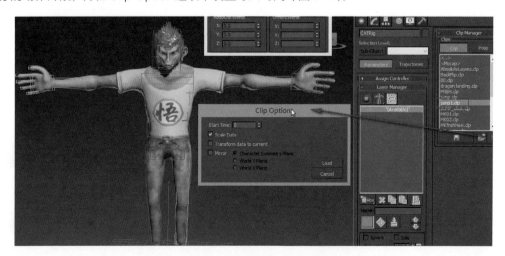

图6-2　将CAT装配好的角色加载动作片段

Step 02 点击播放按钮，观察角色动作状态。如果发现角色朝向偏移则需要调整（图6-3）。

图6-3 调整角色朝向

Step 03 选择角色双脚的Platform辅助体和盆骨骨骼打包成Group组，或者激活Display Layer Transform Gizmo显示层级变换框，调节根骨骼位置（图6-4）。

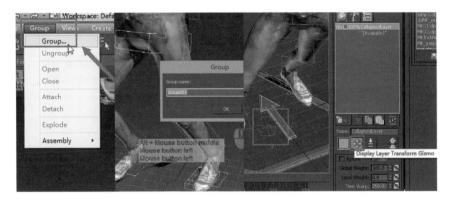

图6-4 调节CAT根骨骼位置

Step 04 按Alt+鼠标右键，让旋转的坐标系统调整为World模式。按F12键，将X轴旋转值归零（图6-5）。

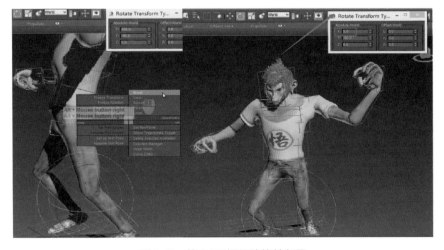

图6-5 将CAT根骨骼旋转归零

Step 05 对于关键动作中出现的不合理动作，可打开Key Mode Toggle关键帧跳转模式，并激活Auto Key自动记录帧，调整角色关键动作的姿态（图6-6）。

图6-6　打开关键帧跳转模式调整角色关键动作

Step 06 点击保存按钮，设置起止时间，并将调整好的动作片段存为Clip格式（图6-7）。

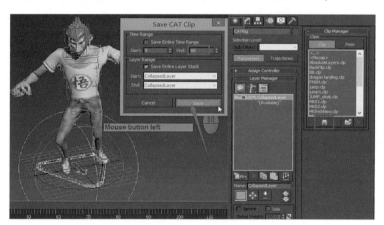

图6-7　将调整好的动作片段存为clip格式

Step 07 完成跳跃之后，对于跑步动作，可以利用自带的CATMotion Layer调出（图6-8）。

图6-8　利用自带的CATMotion Layer调出跑步动作

Step 08 点击绿色猫爪图标，进入2Legs（两足类），选择GameCharRun，导入动作（图6-9）。

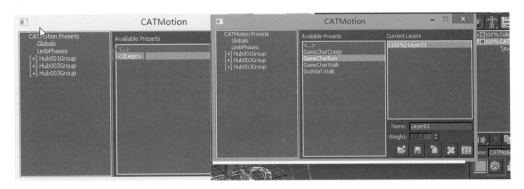

图6-9　导入2Legs两足类的GameCharRun动作

Step 09 动作导入后，点击CAT动作播放按钮，观察角色的跑步运动（图6-10）。

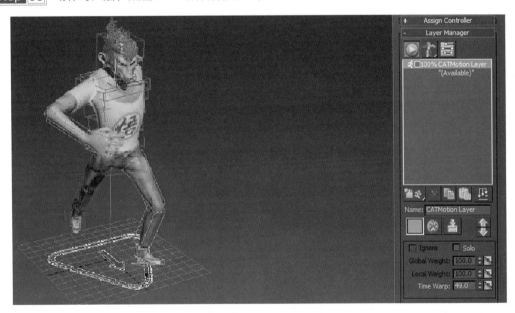

图6-10　观察CAT跑步运动

Step 10 将CATMotion Layer动作塌陷成Abs动画层，并进行动作片段保存（图6-11）。

图6-11　保存塌陷成Abs动画层的动作片段

Step 11 完成跑步动作之后，利用自带的CATMotion Layer调出走路动作（图6-12）。

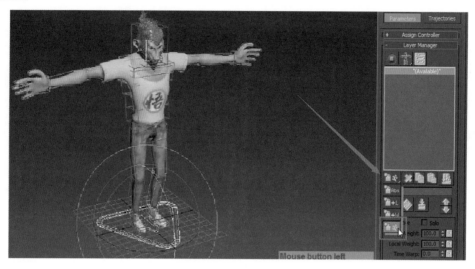

图6-12 利用自带的CATMotion Layer调出走路动作

Step 12 点击绿色猫爪图标，进入2Legs（两足类），选择GameCharWalk，导入动作（图 6-13）。

图6-13 导入2Legs两足类GameCharWalk的动作

Step 13 动作导入后，点击CAT动作播放按钮，观察角色的行走动作（图6-14）。

图6-14 播放CAT行走动作

Step 14 旋转手臂的角度后，选择手指，使用Digit Manager的Curl值进行弯曲度的调节（图6-15）。

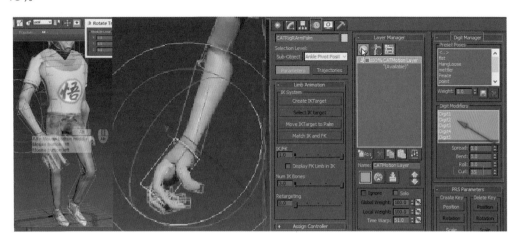

图6-15 调整手臂与手指姿态

Step 15 将CATMotion Layer动作塌陷成Abs动画层，并进行动作片段保存（图6-16）。

图6-16 保存塌陷成Abs动画层的动作片段

Step 16 在CAT的Clip Manager中，依次导入事先准备好的跳、走、跑动作（图6-17）。

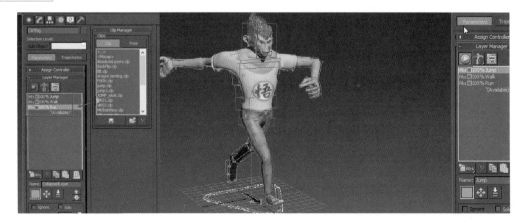

图6-17 在CAT中依次导入跳、走、跑动作

Step 17 在CATRig Layer Ranges编辑器中，调整3段动作的起止范围，并在右键点击右下角播放键，在Time Configuration中设置时间跨度为0 ~ 160帧（图6-18）。

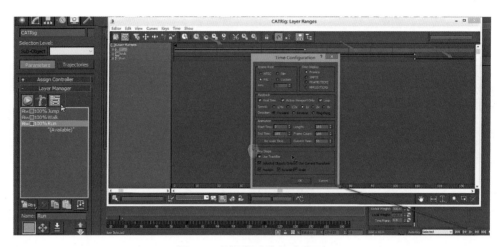

图6-18　调整动作起止范围

Step 18　在CATRig Layer Ranges编辑器中，在每段中加入4个关键帧，两头的值设置为0，中间的设置为100，形成数值的淡入淡出（图6-19）。

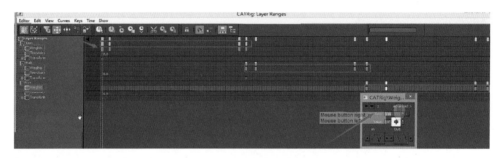

图6-19　在Layer Ranges编辑器中设置动作之间的淡入淡出

Step 19　在CAT的Clip Manager中调整跳、走、跑动作的时间顺序和过渡值（图6-20）。

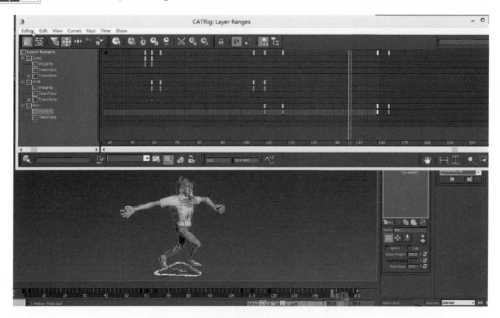

图6-20　调整动作的时间顺序和过渡值

Step 20 完成排序后,将动作Collapse(塌陷)到新的Abs层,并导出FBX格式(图6-21)。

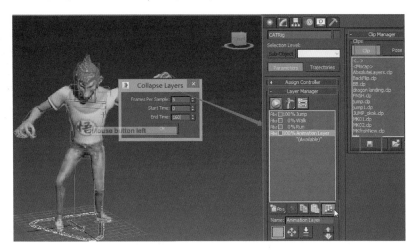

图6-21 Collapse塌陷出新的Abs动作层并导出

以上是为Unity的Legacy模式准备的一串原地运动动作的方法,另外也可以使用3ds Max将各个动作发送到Motionbuilder每个Take动作层,在Motionbuilder中生成一个整的FBX文件,具体操作如下。

Step 01 先在CAT动作编辑器准备好Idle(待机)、Run(奔跑)、Walk(行走)、Jump(跳跃)这四个动作,以及T-pose初始姿态(图6-22)。

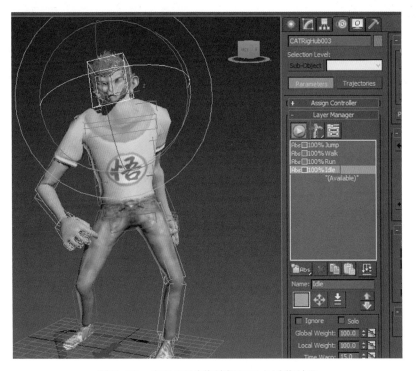

图6-22 在CAT动作编辑器导入动作片段

Step 02 在3ds Max中选择Send to>Send to Motionbuilder>Send as New Scene,发送3D数据到新建的Motionbuilder场景中(图6-23)。

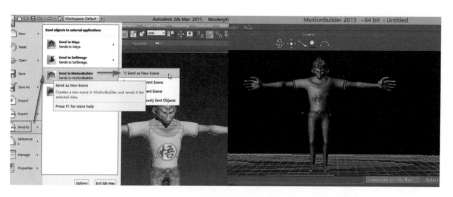

图6-23　发送3D数据到新建的Motionbuilder场景中

Step 03 在Motionbuilder中，将当前的动作层Take001重命名为T-pose（图6-24）。

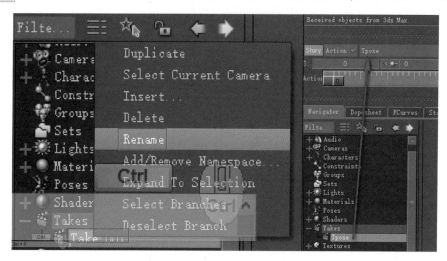

图6-24　在Motionbuilder中将当前动作层重命名

Step 04 使用Solo方式依次独立激活CAT动作层里的Idle、Run、Walk、Jump这四个动作，并执行Send to Motionbuilder>Update Current Scene，追加到Motionbuilder新的动作层中（图6-25）。

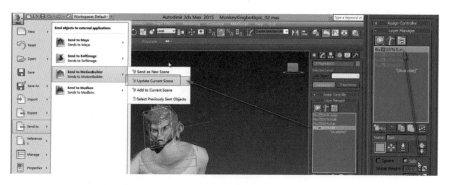

图6-25　独立激活CAT每层动作并发送到Motionbuilder新的动作层

Step 05 注意每次Update Current Scene更新场景后，要即时地对导入Take001进行重命名。完成动作分层导入后，存为FBX格式。此时，可以看到不同的动作层展示在保存选项中（图6-26）。

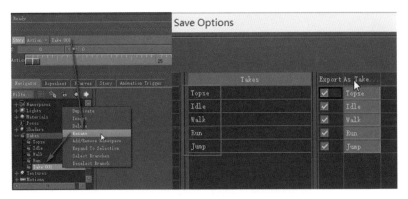

图6-26　即时对导入的新动作层进行重命名

Step 06　为了和Unity更好地协同数据，Motionbuilder储存FBX的位置可以设置在当前Unity工程目录的Asset文件夹里面，保存FBX后Unity会自动加载（图6-27）。

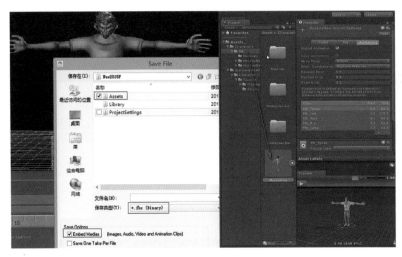

图6-27　Unity与Motionbuilder数据协同工作

6.1.2　Unity角色装配

Unity角色装配首先以Legacy传统模式为例。

Step 01　在File>New Project设置项目位置（图6-28）。

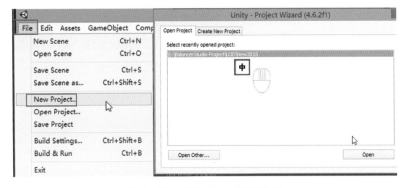

图6-28　设置Unity项目位置

Step 02 将3ds Max准备好的跳走跑角色文件导出FBX格式，存到Unity项目的Assets素材文件夹。重启Unity，会发现Project栏加载了FBX文件（图6-29）。

图6-29　Unity项目文件夹加载外部FBX文件

Step 03 在Project窗口右键，执行Import Package>Character Controller导入角色控制包，在场景中拽入3rd Person Controller（图6-30）。

图6-30　导入Character Controller角色控制包

Step 04 将GameObject > 3D Object > Plane导入地面，在Game游戏运行角色控制（图6-31）。

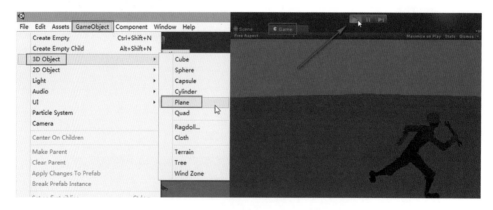

图6-31　导入地面后运行游戏来控制角色

Step 05 场景中拖入自定义的FBX角色，加载Script中Third Person Controller。调整Character Controller范围球的数值（图6-32）。

Step 06 选择自定义角色，在Select模式下进入Animation模块（图6-33）。

Step 07 在Animation动画模块中，设置Jump、Walk、Run三种动作的起止帧数，并命名（图6-34）。

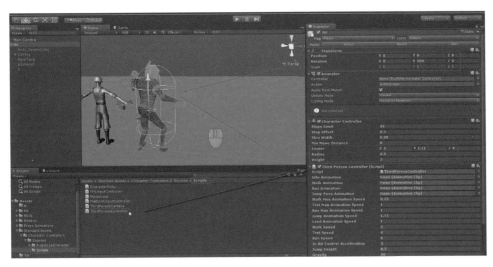

图6-32 对自定义角色加载控制脚本

图6-33 进入自定义角色的Animation模块

图6-34 设置动作的起止帧数并命名

Step 08　在角色的Third Person Controller（第三人称控制）脚本，在Select AnimationClip窗口，指定加载Idle（待机）、Walk、Run、Jump（图6-35）。

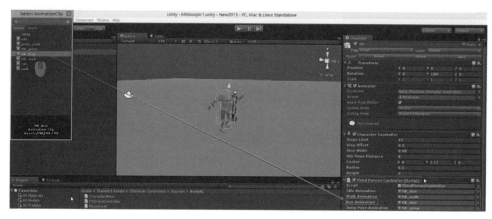

图6-35　在角色动作控制窗口指定对应动作

Step 09　在角色的Rig绑定方式上选择Legacy传统模式，激活角色的绑定信息（图6-36）。

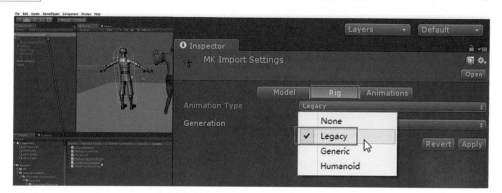

图6-36　激活Legacy传统绑定模式

Step 10　向Legacy传统绑定模式的角色，调入Character Controller工具包的ThirdPersonController（第三人称控制）和第三人称摄像机（ThirdPersonCamera）脚本（图6-37）。

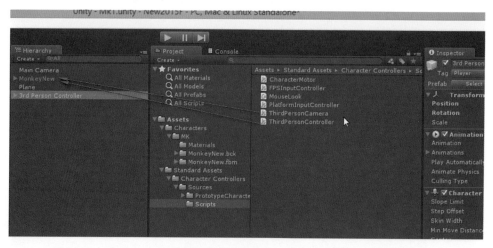

图6-37　给Legacy传统绑定模式的角色加入第三人称控制和控摄像机脚本

Step 11 在Character Controller属性中，设置碰触范围框的半径、高度和位置（图6-38）。

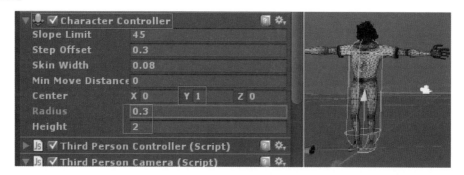

图6-38　设置角色碰触范围框属性

Step 12 对于FBX文件中需要循环的动作，勾选Add Loop Frame（循环帧）选项（图6-39）。

图6-39　将FBX动作文件调整为循环状态

Step 13 在角色加载的ThirdPersonController（第三人称控制）脚本中，将调整为循环状态的Idle、Walk、Run、Jump动作从Animation Click窗口重新调用进来（图6-40）。

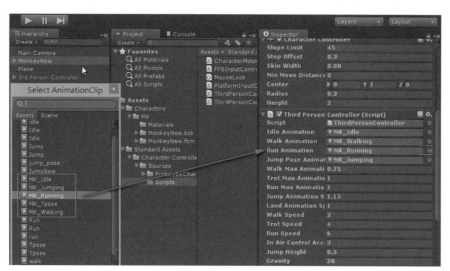

图6-40　第三人称控制脚本中重新调用循环状态的动作

Step 14　在ThirdPersonCamera（第三人称摄像机脚本）选项中，选定Main Camera（主摄像机）（图6-41）。

图6-41　第三人称摄像机脚本选项中指定主摄像机

Step 15　完成角色装配和脚本设置之后，点击游戏运行按钮，进行测试（图6-42）。

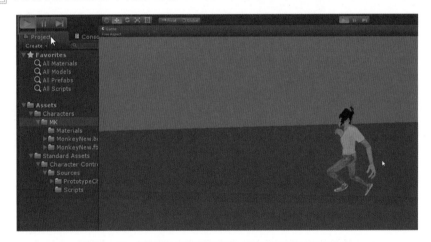

图6-42　完成角色装配和脚本设置后运行游戏测试

6.1.3　Unity动作控制

Unity使用Legacy传统模式来装配角色，优点是方法较为简易，但对于动作控制的精度和丰富程度都有所欠缺。Unity新版的Humanoid类人装配系统，配合Animator角色动作编辑器，以及PlayMaker状态机控制插件，可以对角色行为进行可视化节点操作。以下是此方法的具体操作案例，相关工程文件可到本书配套光盘中下载。

Step 01　在3ds Max的CATRig动作生成器中，Global全局选项下勾选（Walk On Line沿直线行进）（图6-43）。

Step 02　在Motionbuilder中将3ds Max的动作逐层导入，并在Unity工程Assets目录里保存为FBX文件（图6-44）。

Step 03　在Unity的Assets工具栏，导入PlayMaker及其AnimatorProxy接口的工具包（图6-45）。

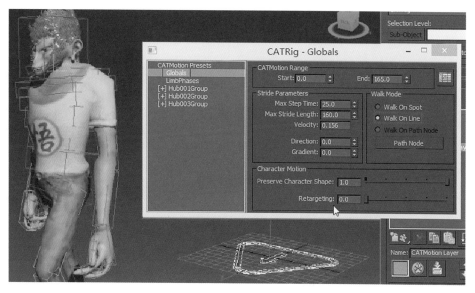

图6-43　将走路和奔跑动作设置为沿直线行进

图6-44　在Motionbuilder中逐层导入3ds Max动作并存到Unity工程中

图6-45　导入Unity外部插件PlayMaker工具包

Step 04 选择导入的角色，在Inspector查看器中点击Select，在Rig绑定模块中选择Humanoid（类人模式）（图6-46）。

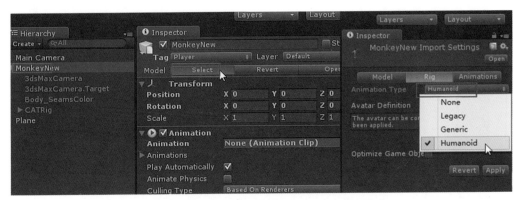

图6-46　Rig绑定模块选择Humanoid类人模式

Step 05 切换到Animation模块的Mapping骨骼映射栏，核对Optional Bone骨骼列表，对缺失的骨骼进行手动指定（图6-47）。

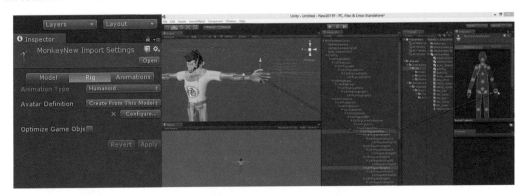

图6-47　骨骼映射栏手动指定缺失的骨骼

Step 06 在Poese姿态下拉栏选择Enforce T-Pose（强制T姿势），并应用（图6-48）。

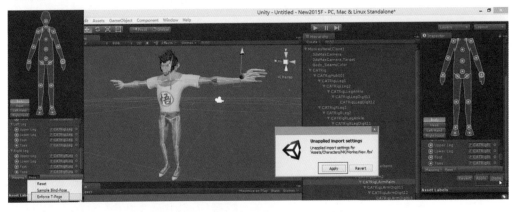

图6-48　姿态栏强制指定T姿势并应用

Step 07 在Animation模块的Muscles肌肉运动测试栏，调节姿态滑竿，检查角色动作幅度的合理程度（图6-49）。

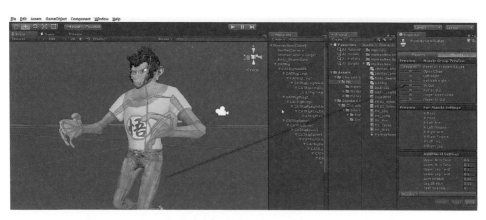

图6-49　利用Animation模块的Muscles肌肉运动调节栏测试姿态

Step 08 调整角色动作的时间范围，对于走跑跳和待机这类动作，勾选Loop Time，让动作循环（图6-50）。

图6-50　调整角色动作的时间范围并设置为循环状态

Step 09 为了让角色看起来更明亮，可以将材质切换成Self-Illumin中的Bumped Diffuse（自发光状态）（图6-51）。

图6-51　将角色材质切换成自发光使其更明亮

Step 10　在项目中新建Controller文件夹，Assets窗口右键调用Creat>Animation Controller 创建Animation Controller（动画控制器），并且加载到角色的控制栏（图6-52）。

图6-52　创建Animation Controller动画控制器

Step 11　将准备好的Idle待机动作拖动到Animation Controller动画控制器窗口内，并设置为 Default默认初始动作（图6-53）。

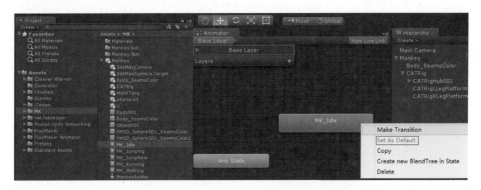

图6-53　将Idle待机动作设置为默认初始动作

Step 12　运行Unity游戏测试模式，观察Animator控制窗口中动作的运行情况（图6-54）。

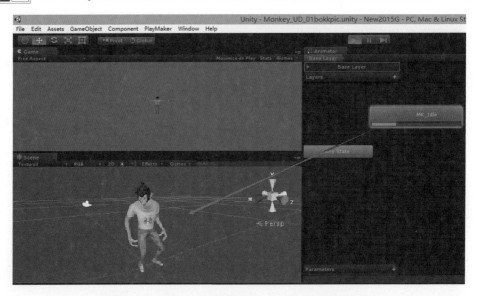

图6-54　运行Unity观察Animator控制器里的动作

Step 13 在Animator控制窗口，按右键新建一个Blend Tree动作融合节点，并执行Add Motion Field加载分支动作（图6-55）。

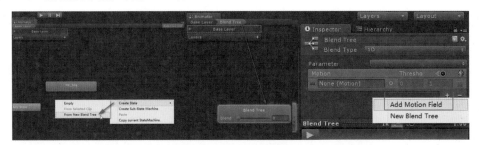

图6-55　新建Blend Tree动作融合节点并加载动作

Step 14 在Animator的Blend Tree控制窗口，新建Float浮点式控制滑竿，并取名为speed。在Motion Field加载Idle、Walking、Walking Back这些动作。由于使用了Humanoid角色化方式，人物动作可以共享。设置Crouch Walking Back（蹲伏后退动作），可以调用外部案例包Mecanim Warrior-Cleaver Sword.Unitypackage（图6-56）。

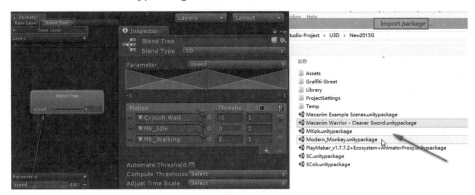

图6-56　Blend Tree控制窗口新建点式控制滑竿并加载外部动作

Step 15 在Blend Tree的Parameter调节参数指定给speed，滑动speed指数，令动作之间平滑过渡（图6-57）。

图6-57　Blend Tree的Parameter调节参数指定给speed

Step 16 选中角色在PlayMaker窗口右键，Add FSM（Finite State Machine）加载状态机（图6-58）。

图6-58　PlayMaker窗口右键Add FSM加载状态机

Step 17 从角色的PlayMaker窗口的Action Browser浏览器搜索Get Axis（获取轴信息）命令，加载到State状态栏（图6-59）。

图6-59　PlayMaker状态栏加载Get Axis获取轴信息命令

Step 18 Get Axis获取轴信息的设置可以从Project Setting > Input进入InputManger输入管理中，查看获取轴信息的命名方式和快捷键设置（图6-60）。

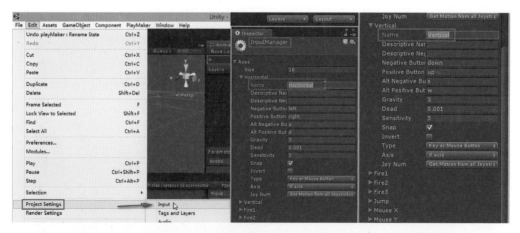

图6-60　InputManger输入管理中查看获取轴信息的命名方式和快捷键设置

Step 19 在角色的PlayMaker状态机Variables新建Float浮点变量speed。在Get Axis属性Axis Name指定Vertical纵向量，Store缓存到变量speed（图6-61）。

图6-61　设定Get Axis属性的指定纵向量和缓存

Step 20　在PlayMaker的Actions面板搜索Set Animator Float（设置动画控制器浮点值）命令（图6-62）。

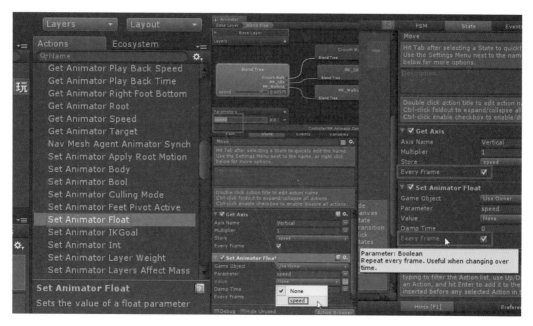

图6-62　PlayMaker状态栏加载Set Animator Float命令

Step 21　新建两个State（状态机），在Inspector属性栏分别命名为Move（运动）和Idle（待机），按鼠标右键选择Make Translation设置二者之间的转换（图6-63）。

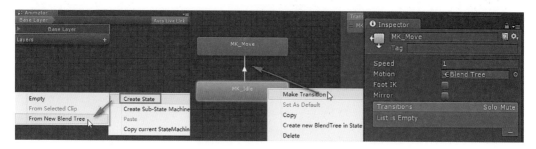

图6-63　设置Move运动和Idle待机状态的相互转换

Step **22** 选择Translation转换连线，在其属性中的Condition条件上选speed，Idle（待机）到Move（移动）的条件是speed Greater 0.1，Move（移动）转换到Idle（待机）的条件是speed Less 0.1。速度上的0.1是一个临界点，快于0.1角色就移动，慢于0.1角色就原地待机（图6-64）。

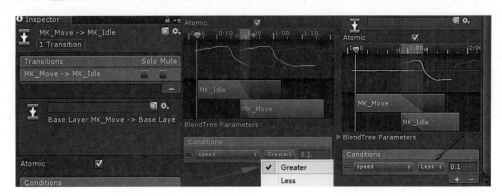

图6-64　设置Translation连线属性中的转换条件

Step **23** 从GameObject > 3D Object > Plane创建地平面，并设置位置和面积（图6-65）。

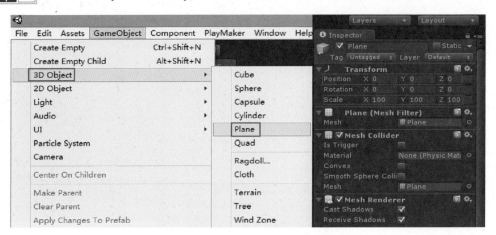

图6-65　创建地平面并设置其位置和面积

Step **24** 新建Materials材质球，赋予地面贴图，并指定给地面（图6-66）。

图6-66　给地面赋予材质和贴图

Step 25 运行Unity游戏模式，角色Vertical纵向量的运动快捷键是W和S（图6-67）。

图6-67 运行Unity并用键盘的W和S控制角色行进方向

Step 26 在Assets窗口右键执行Import Package>Character Controller，加载外部包（图6-68）。

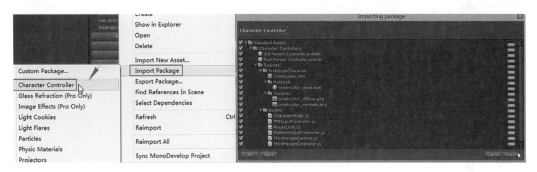

图6-68 加载外部包Character Controller

Step 27 从外部包Character Controller中调用Mouse Look脚本给角色，并设置X轴俯仰角度（图6-69）。

图6-69 调用Mouse Look脚本给角色并设置X轴俯仰角度

Step 28 选择角色Animator面板里Blend Tree，将其Blend type类型设置为2D Freeform Direction，并设置五个动作点的X、Y坐标（图6-70）。

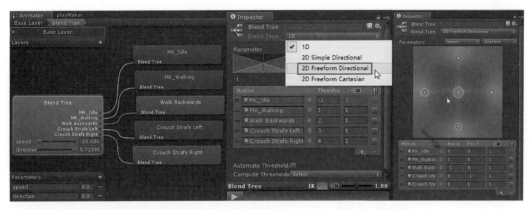

图6-70　将Blend type类型设置为2D Freeform Direction

Step 29 在Animator面板里，新建direction（浮点式滑杆），并控制横向运动（图6-71）。

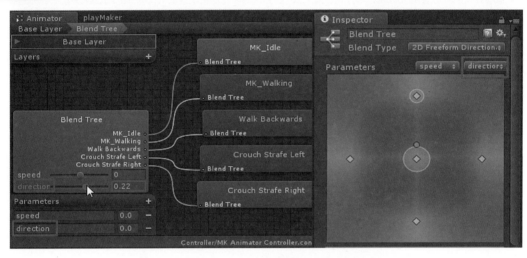

图6-71　新建direction浮点式滑杆控制横向运动

Step 30 在角色的PlayMaker的States卷展栏，选择并复制之前的Get Axis和Set Ainmator Float两个命令（图6-72）。

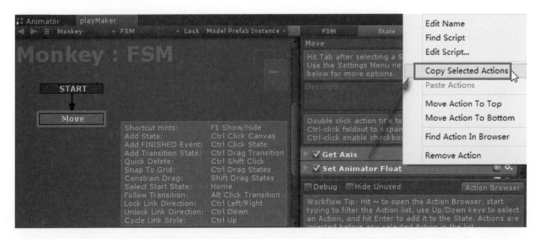

图6-72　PlayMaker中复制之前的Get Axis和Set Ainmator Float命令

Step 31 参照InputManger输入管理的横向控制，将角色的PlayMaker中States（状态栏）中新复制出的Get Axis的Axis Name设定为Horizontal（图6-73）。

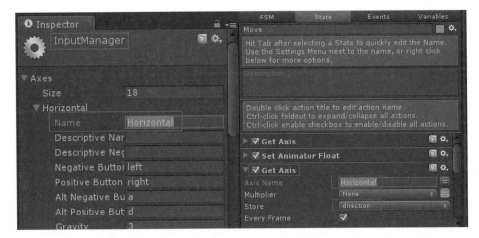

图6-73 角色的PlayMaker状态栏Get Axis获取轴向设定为Horizontal横向

Step 32 在角色的PlayMaker的Variables新建浮点变量direction。将复制出的Get Axis的Store缓存指定到diredtion中（图6-74）。

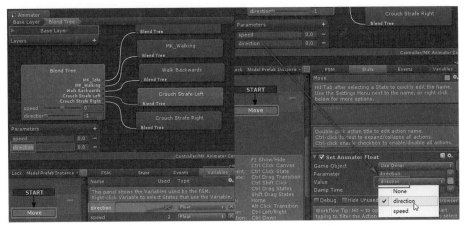

图6-74 将Get Axis缓存指定给新建浮点变量direction

Step 33 使用Animator控制角色的方式，对于走、跑、跳的动作，是需要相应的空间移动的。在动作片段设置中要注意Loop Time是动作循环，而Loop Pose是原地运动（图6-75）。

图6-75 Loop Time是动作循环而Loop Pose是原地运动

Step 34 此外，对于行进物体的高度Y轴，要勾选Bake Into Pose，锁定高度上的偏移。对调整好动作后，点击Apply应用（图6-76）。

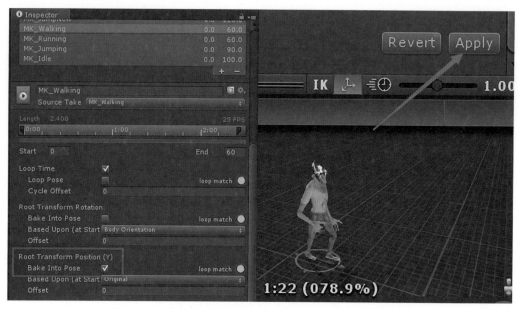

图6-76　物体的Y轴勾选Bake Into Pose锁定高度偏移

Step 35 执行GameObject > Light > Directional Light，给场景中添加平行光，并在其属性中将Shadow Type切换为Hard Shadows（硬边影子）（图6-77）。

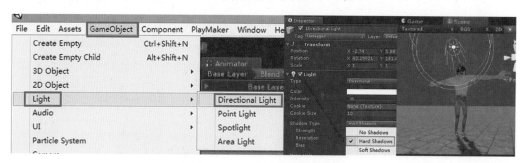

图6-77　场景中添加平行光影

Step 36 在Blend Tree中添加新的Motion（动作），用2倍的speed值控制跑步（图6-78）。

图6-78　新的Motion动作将控制跑步

Step 37 自定义Shift键为激活2倍的speed值的快捷键，先给角色的PlayMaker的States（状态机）加载GetKey，创建bool（布尔）类型变量Shift，并将其设置为触发PlayMaker状态机Getkey的条件（图6-79）。

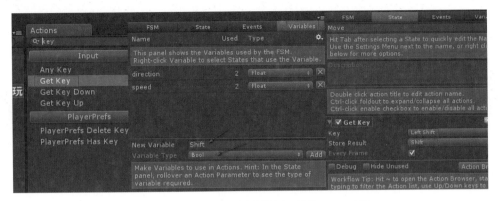

图6-79　设置Shift键来激活2倍的speed值

Step 38 创建浮点变量Shift_run，在角色的PlayMaker状态机加载Convert Bool To Float，将布尔信息转换为浮点信息，并将False值设置为1，True值设置为2。在之前的Get Axis的Multiplier倍增值设置为Shift_run（图6-80）。

图6-80　PlayMaker状态机加布尔转浮点命令，并将倍增值设置为浮点变量Shift_run

Step 39 与上面的方法相似，将前后、左右的快速行进用Shift键激活。并注意将角色PlayMaker状态机的Get Axis中Vertical和Horizontal纵横的Mutiplier倍增值都设置为变量Shift_run（图6-81）。

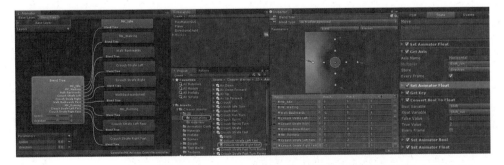

图6-81　将PlayMaker状态机的中Vertical和Horizontal纵横的倍增值设置为变量Shift_run

Step 40 从Project窗口选择角色的Jumping跳跃动作，拖拽到Animator窗口，并将Jumping与Move动作树Make Transition（连接转换）（图6-82）。

图6-82　Animator窗口中将Jumping与Move动作树连接转换

Step 41 在Animator的Parameters创建布尔类型参数Jump，在角色的PlayMaker（状态机）加载Get Key命令，定义Space（空格键）为布尔变量Jump的快捷键；加载Set Animator Bool命令，将自定义定义布尔变量Jump映射到Animator参数栏的Jump（图6-83）。

图6-83　PlayMaker状态机Space空格键控制角色跳跃

Step 42 在Animator中，状态从Idle（待机）到Jumping（跳跃）的转换条件，设置成Parameters参数中的jump值为True（图6-84）。

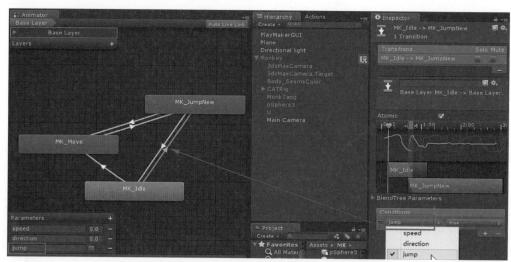

图6-84　设置从Idle（待机）到Jumping（跳跃）的转换条件

Step 43 经过引擎测试，调整角色动作的速度和时长，将跳跃动作加快到2倍（图6-85）。

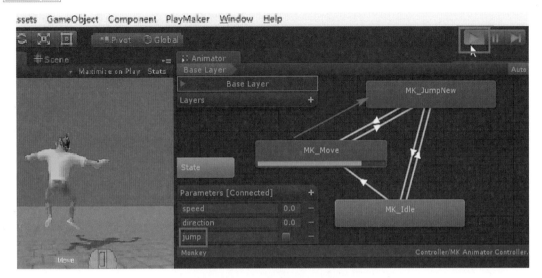

图6-85 加快跳跃动作速度

Step 44 在场景中添加台子测试跳跃，然后给角色添加Rigidbody（刚体碰撞），并勾选Use Gravity（使用重力），再使用Freeze（冻结）X、Y、Z的旋转值（图6-86）。

图6-86 设置角色的Rigidbody刚体碰撞属性

Step 45 给角色加入Capsule Collider胶囊式碰撞范围，并设置其高度与范围（图6-87）。

图6-87 设置角色Capsule Collider胶囊式碰撞范围

Step 46 使用Motionbuilder调整角色FBX文件的跳跃高度和距离（图6-88）。

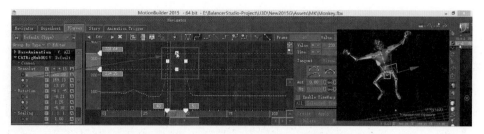

图6-88   使用Motionbuilder调整角色的跳跃高度和距离

Step 47 在角色的Animator控制中，将Move（移动）与Jump（跳跃）的触发条件设置为Jump值为1，返回条件设置为Exit Time为0.50（图6-89）。

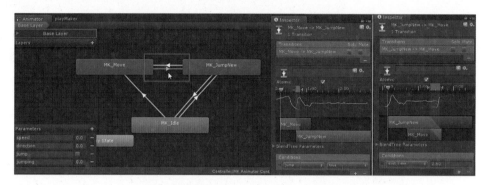

图6-89   在Animator控制角色Move移动与Jump跳跃的触发与返回条件

Step 48 将系统的Gravity重力Y轴值设置为20，并将角色的Rigidbody刚性属性中的Mass重量值设置为60（图6-90）。

图6-90   设置Gravity重力强度和角色重量值

Step 49 为了实现角色随着Look At脚本同步转身，将原先Idle待机动作转化为Blend Tree，并创建3个动作片段，分别为原地左转、待机、原地右转，且范围设置为0、0.5、1。在角色的PlayMaker状态机加载Get Mouse X命令，将鼠标在屏幕的空间位置缓存到自定义浮点变量MouseX中（图6-91）。

图6-91　通过PlayMakerGet Mouse X命令实现角色随着鼠标Look At脚本同步转身

Step 50　在角色的Animator的Parameters中创建Turn参数，并将转身控制参数指定为turn。为提高转身灵敏度，将Threshold临界值设定为0.4、0.5、0.6（图6-92）。

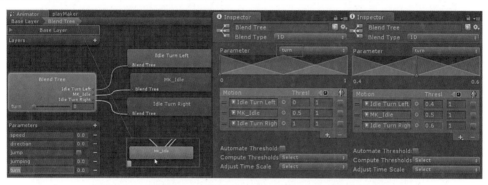

图6-92　调整turn参数Threshold临界值提高转身灵敏度

Step 51　在角色PlayMaker状态机中加载Set Animator Float命令，并将Parameter值Turn指定给角色Animator控制器中的参数Turn（图6-93）。

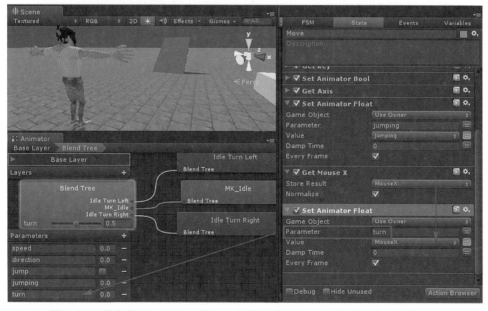

图6-93　将角色PlayMaker的turn值指定给Animator控制器中的参数turn

Step 52　为了使角色在高台上跳落的动作，特意在高台边缘添加Box物体，并勾选Is Trigger作为触发物，将其设置为不可渲染。在触发物体的PlayMaker的事件栏，创建triggerA和FINISHED（图6-94）。

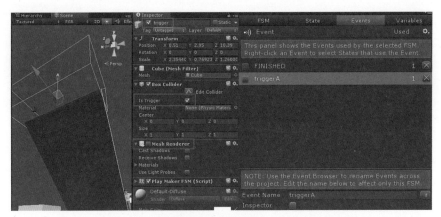

图6-94　创建触发物体并设置PlayMaker事件

Step 53　在触发物体的PlayMaker（状态机）中，添加Trigger Event（触发事件），设置触发其后，发送triggerA事件，并将PlayMaker中的两个状态相互关联（图6-95）。

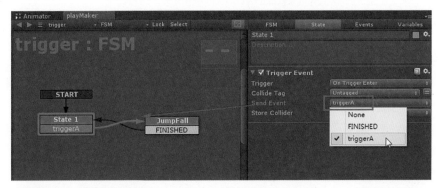

图6-95　在触发物体的PlayMaker状态机添加Trigger Event（触发事件）

Step 54　在角色的Animator控制器中，将Move（运动）到Fall Forward（跳落）的触发条件设置为参数Trigger（图6-96）。

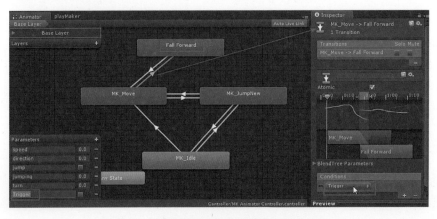

图6-96　跳落的触发条件设置为参数Trigger

Step 55 在触发物体的PlayMaker状态机中，添加Set Animator Trigger命令，并将触发值指定给角色的Animator参数栏中的Trigger（图6-97）。

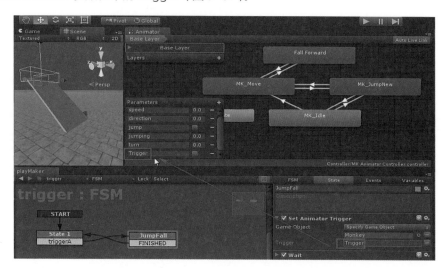

图6-97　将触发体PlayMaker状态机的触发值指定给角色Animator的Trigger

Step 56 将Fall Forward（跳落）到Move（运动）的条件Exit Time时长设置为0.60。把角色Fall Forward（跳落动作）的speed值加快到2倍（图6-98）。

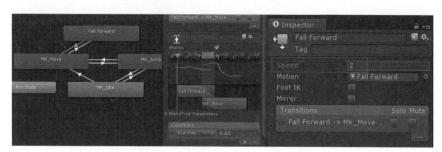

图6-98　调整跳落运动的返回条件时并加快跳落动作速度

Step 57 参照之前的方法，利用Animator控制器中的Blend Tree对角色左斜前和右斜前两个方向指定对应的动作（图6-99）。

图6-99　参照之前的方法设置角色左斜前和右斜前两个方向的动作

Step 58 在Project右键执行Import Package>Custom Package，加载外部场景包（图6-100）。

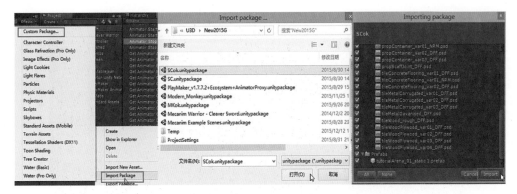

图6-100　加载外部场景包

Step 59 在场景中创建主光和补光，激活主光源的投影，并设置为Hard Shadow（硬边影子）（图6-101）。

图6-101　创建并设置场景中的灯光

Step 60 在场景中创建主副摄像机，将辅助摄像机调整位置，将其深度设置为1，宽度为0.1，高度为0.3（图6-102）。

图6-102　创建场景中的主副摄像机

Step 61 将之前设置好的Trigger触发器复制3个，并布置到高台的边缘处（图6-103）。

图6-103　布置高台边缘的Trigger触发器

Step 62 完成角色和场景的设置后，运行Unity进行动作测试（图6-104）。

图6-104　运行Unity测试角色和场景的设置状况

6.2　Unity与Kinect实时控制技术

6.2.1　Unity结合Kinect v1体感技术

目前Unity做Kinect体感交互中间件，常见的有OpenNI官方提供的Unity工具包，而现在官方已不提供更新与支持，Unity3.4以上的版本会出现许多Bug（问题）。当前主流的用法是配合微软发布的（图6-105）。

图6-105　　OpenNI提供Unity的Kinect体感交互工具包

6.2.2　Unity与Kinect v2开发

　　来自奥地利福拉尔贝格高等专业学院的IT专家Rumen Filkov（茹门·弗里克威）开发了针对Kinenct v2与Unity交互创作的利器Kinect v2 with MS-SDK。此工具是一套第二代Kinect体感设备在Unity中调动的案例包，聚集几个主要的演示场景和脚本。虚拟替身的测试案例演示了如何在Unity项目利用Kinect控制替身。手势交互案例演示了手动控制光标和手柄拖放3D对象的使用。人脸跟踪演示了Kinect的人脸跟踪和高清面部模型。语音识别的测试案例演示展示了如何通过Kinect的语音识别，使用语音命令控制球员。另外还有两个简单演示背景去除和深度碰撞案例。这个Unity工具包可以兼容Kinect两代体感设备，要求使用Unity 4.6.1或更高版本，新版的Kinect v2 sdk2.5.1已支持Unity 5.0版本（图6-106）。

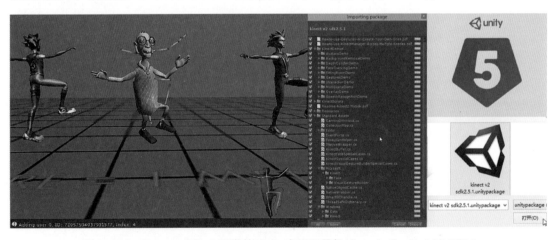

图6-106　　Rumen Filkov开发的Unity交互工具包Kinect v2 with MS.SDK

6.3　Unity虚拟场景与空间营造

6.3.1　虚拟场景的设计与导入

Step 01　对于Unity场景的导入，要注意角色与场景的刚体碰撞方式的把握，一般来讲，从3dsMax或Maya用FBX格式导入项目的场景，模型较为复杂，为了优化运行，我们可以在3dsMax或Maya中制作一个简模包裹在场景上，让角色与简模进行刚体碰撞（图6-107）。

图6-107　简模包裹在复杂场景优化碰撞

Step 02 将制作的简模导入后命名为Mask，关掉Mesh Renderer使其不可渲染（图6-108）。

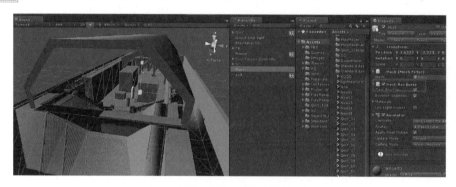

图6-108　导入场景简模Mask

Step 03 选择复杂的场景组，添加Component>Physics>Mesh Collider，将刚体碰撞类型设置为模型式解算，将Mesh指定为简模Mask（图6-109）。

图6-109　将刚体碰撞类型设置为模型式解算并指定为简模

6.3.2　场景材质与光影营造

本案例使用Unity自带的基础模型进行讲解。

Step 01 Unity自带的烘焙系统制作要烘焙的场景，一般需要模型师提供，导入Unity之后需要展UV。选中要烘焙的模型，在Inspector面板勾选Generate Lightmap UVs，按Apply应用。之后UV成功展开，模型面数越多展UV时间越长（图6-110）。

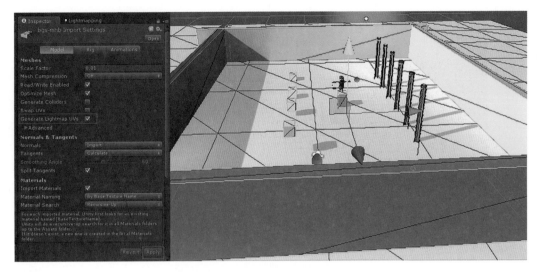

图6-110　选中要烘焙的模型展UV

Step 02 为了让点光源、聚光源实时阴影，可在PlayerSettings执行Edit>Project Settings>PlayerSettings。将Rendering Path（渲染路径）设置为延迟光照（Deferred Lighting）（图6-111）。

图6-111　将渲染路径设置为延迟光照

Step 03 选中要烘焙的模型，在Inspector属性面板，全部设置为Static静态。然后进入Window > Lightmapping窗口，执行Bake Selected（烘培）命令（图6-112）。

Step 04 尽管使用光照贴图可以提升场景的真实程度，但是场景中非静态物体缺少真实的渲染，看上去和场景格格不入。实时为移动物体计算光照贴图是不可能的，但通过使用Adding Light probes（添加灯光探测器），可以模拟类似效果。通过场景中的探测器的静态点的位置采样光照，对相邻的光照探测器位置所采样的灯光照明进行差值优化，在游戏进行的过程中计算差值的速度很快，玩家几乎察觉不到，可以避免移动物体的光照和烘培场景格格不入的感觉。新建GameObject，执行Component>Rendering>Light Probe Group，创建灯光探测器（图6-113）。

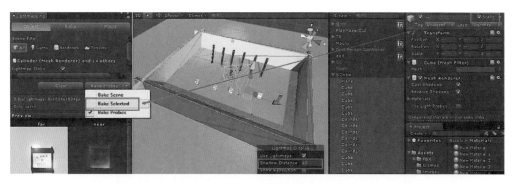

图6-112　模型设置为静态并烘培

图6-113　添加灯光探测器Light probes增加效果真实性

Step 05　由于投影是动态的，所以对于场景中的运动角色不适宜进行光影烘焙。在运动物体属性Material（材质）勾选使用Use Light Probes（灯光探测器），让动态物体融入环境中，有色彩倾向（图6-114）。

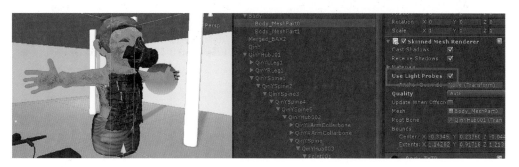

图6-114　使用灯光探测器Light Probes动态物体融入环境

Step 06　关闭烘焙使用的灯光，使用新的灯光照射角色并投影。为了不影响烘焙好的场景，可以使用Add Layer，通过将角色物体和地面指定给新建的层Char。由于地面受到了烘焙灯光和角色灯光的双重照射，为了避免曝光多度，可以将其固有色亮度降低（图6-115）。

图6-115　将场景分层避免灯光的双重照射而造成的曝光多度

Step 07　使用光影烘焙和分层打光之后，优化了场景实时渲染速度，实现了对Static（静态）场景与动态角色的光影分类处理（图6-116）。

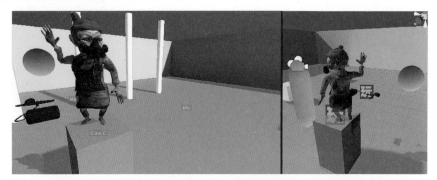

图6-116　对Static静态场景与动态角色的光影实现分类处理

6.3.3　Unity增强实境技术

增强现实（Augmented Reality，简称AR），是在虚拟现实的基础上发展起来的新技术，也被称之为混合现实，是通过计算机系统提供的信息增加用户对现实世界感知的技术，将虚拟的信息应用到真实世界，并将计算机生成的虚拟物体、场景或系统提示信息叠加到真实场景中，从而实现对现实的增强。我们可以利用Unity与高通Vuforia开发AR（图6-117）。

图6-117　高通Vuforia开发的基于Unity3D的AR增强现实技术

下面简要讲解高通Vuforia针对Unity开发的工具包在官网申请与具体调用的方法。

Step 01　首先进入https://developer.vuforia.com/downloads/sdk，下载高通Vuforia针对Unity开发的工具包（图6-118）。

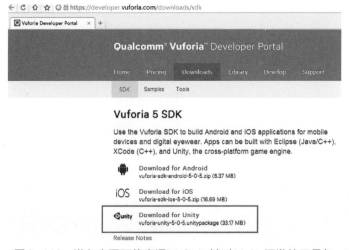

图6-118　进入官网下载高通Vuforia针对Unity开发的工具包

Step 02 　在https://developer.vuforia.com官网注册账号，注意8位密码必须有大小写和数字。上传一幅图片，生成识别图的Unity包（图6-119）。

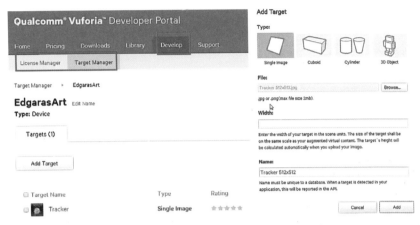

图6-119　注册账号后生成识别图的Unity包

Step 03 　将生成识别图的激活码填写到Unity的QCAR Behaviour（高通增强现实行为的许可号栏）（图6-120）。

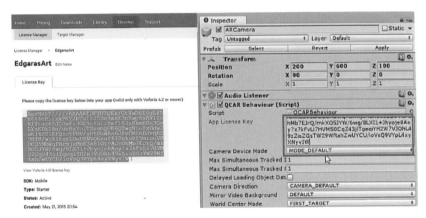

图6-120　激活码QCAR Behaviour许可

Step 04 　运行Unity时，自定义的角色就可以在贴有识别图的平面上站立与运动（图6-121）。

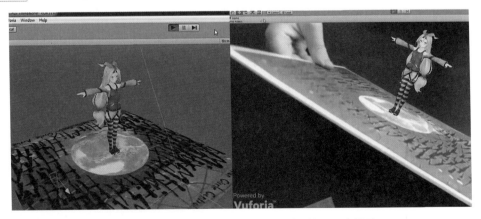

图6-121　自定义角色可在贴有识别图的平面上运动

6.4 PlayMaker可视化交互编程

在Unity开发环境里独立制作游戏原型时，对于擅长美术造型的人而言，从零开始独立完成所有的代码是非常困难的事情。幸运的是，Unity引擎有一个内容非常丰富的插件市场，其中最流行的插件类型之一就是可视化编程插件。这些插件，如PlayMaker、Antares Univers（图6-122）、uScript（图6-123）等，将Unity游戏开发的常用功能打包成函数块，并按需求类别归纳成组，只要花一点时间阅读手册就相当于掌握了Unity里大部分的常用函数功能。之后，用户通过连接不同函数块的输入输出接口来实现完整的游戏逻辑。

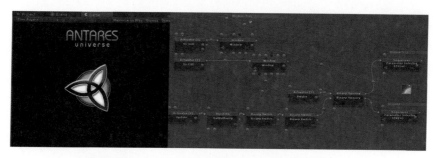

图6-122　Unity可视化编程插件Antares Univers

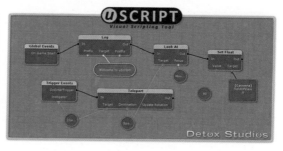

图6-123　Unity可视化编程插件uScript

在动作游戏原型开发之初，开发人员为了设计很多动画状态，常采用插件PlayMaker强大的状态机和动画控制功能。PlayMaker不光能控制动画，还可以用来控制菜单和不同条件下需要不同处理方式的很多游戏逻辑。使用PlayMaker可以先用流程图的方式设计状态机，再填入相应的功能（图6-124）。

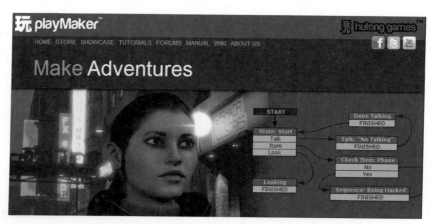

图6-124　Hotong Games开发的可视化脚本工具PlayMaker

6.4.1 PlayMaker可视化设计交互事件

PlayMaker是由第三方软件开发商Hotong Games开发的一个可视化脚本工具，其Logo是一个中文的"玩"字。PlayMaker具有分层式逻辑框架和节点式操控功能。设计师、程序员使用PlayMaker能够很快完成游戏原型动作，既适合独立开发者，又适合团队合作。在Unity可视化编程插件PlayMaker中，大量的交互行为通过有限状态机（Finite State Machine，FSM）实现。

状态机（state machine）可以理解为任何装置，只要它能存储特定时间某物的状况，并且能用输入来改变这种状况，从而导致一个行为或在任何特定的变化时发生输出的一种机制。状态机分为有限状态机（Finite State Machine，FSM）和无限状态机（Infinite State Machine，ISM）。

我们可以将状态机理解成事物的一组状态，各状态间依据一定条件（比如输入）进行相互转换。虽然此概念较难理解，但其在动画中，尤其是游戏引擎中却使用广泛。先举一个较简单的例子，比如灯有两个状态：灯亮，灯灭，条件：打开，关闭，转移状态：灯灭，灯亮（图6-125）。

图6-125 灯的状态机描述

下面我们以旅行商的状态为例，进一步描述状态机。假如旅行商有三个状态：回家，旅行，归途。触发的条件有计划（t1）、买票（t2）、坐车（t3）、到站（t4）。状态可以设计成：回家→（t4）→回家；回家→（t1）→旅行；旅行→（t3）→回家；旅行→（t2）→归途；归途→（t4）→回家。这样，各状态在不同的条件下跳转到自身的默认状态或其他状态，就构成了状态机。对于状态机的设计与优化，有时就像旅行商对目的地线路的最优化一样。一名推销员要拜访多个地点时，如何找到在拜访每个地点一次后再回到起点的最短路径。规则虽然简单，但在地点数目增多后求解却极为复杂。如果要列举所有路径后再确定最佳行程，那么总路径数量之大，几乎难以计算出来。多年来全球数学家绞尽脑汁，试图找到一个高效的算法，近来在大型计算机的帮助下才取得了一些进展。关于"旅行商问题"的探讨，也有助于我们在图形化节点编程时，对程序构架进行最优化思考。

有限状态机是一种有限或限定可能状态数量状态机。有限状态机是用作发现问题和解决问题的发展工具，也可用作一种为后来的开发人员及系统维护人员描述解决方案的正式方式。表示状态机的方法有很多，从简单的表格到生动的图示皆可。

无限状态机常用来检测程序正确性。图灵机（Turing machine）是最有名的无限状态计算模型（Church首先开发了Lambda演算，但图灵机更紧密地模拟了实际计算机的运行）。图灵机自身包含一个程序、一个读写头和一个状态，它超越了19世纪的Charles Babbage（查尔斯·巴贝奇）和Ada Lovelace（埃达·拉芙蕾丝）设计出的功能强大的The Analytical Engine分析机。图灵机读写磁带划分为许多格，每个格包含一个符号。磁带可以在读写头下面前后移动。读写头在磁带上既可以读也可以写符号。由于磁带可能无限长，因此它可以描述无限状态计算（图6-126）。

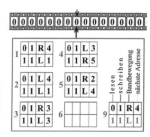

图6-126 无限状态计算模型图灵机

PlayMaker有三个构成要素：Actions state行为状态、Events事件、Variable变量。在PlayMaker的FSM（有限状态机）编辑器中有三个基本要素：State状态、Event事件、IO（Input与Output输入输出）（图6-127）。

图6-127 构成PlayMaker三要素

PlayMaker的State（状态）中可以调用的Actions（行为）有三四十种，涵盖动画控制、逻辑运算、灯光材质、空间变换等，通过时间的触发，引发物体之间、人机之间，产生丰富的交互效果（图6-128）。

图6-128 PlayMaker状态中调用的Actions行为

下面我们进行一个案例测试来演示PlayMaker设计交互事件（具体过程参见本书配套光盘）。假设在一个艺术展览空间，当第一观察视角靠近一个秦俑雕塑时，雕塑活动起来（图6-129）。

Step 01 参考第3章与第6章的教学内容，将事先在Zbrush中塑造，在3ds Max中进行CAT骨骼装配，在Motionbuilder中分层Send To动作片段的FBX文件，储存到新建的Unity工程Asset文件夹中。把准备好的秦俑FBX文件拖拽到场景，将Rig绑定模式切换成Legacy传统模式。在Animations动画属性中，检查准备好的5个动作片段（图6-130）。

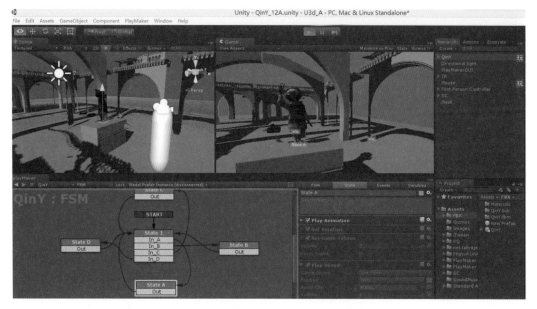

图6-129　使用PlayMaker设计交互事件

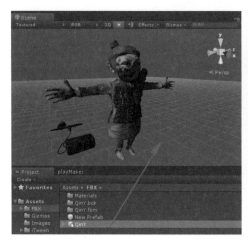

图6-130　使用Legacy传统模式绑定秦俑角色

Step 02 执行GameObject>3D Object>Cube，在场景创建一个方形，关掉属性中的Mesh Renderer 物体渲染显示，开启Box Collider中的Is Trigger触发选项，将方形设置成检体靠近模型时，触发交互事件的感应范围（图6-131）。

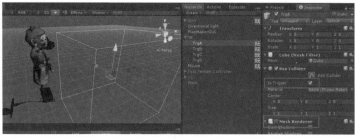

图6-131　创建触发交互事件的感应范围

Step 03 在PlayMaker的Events>Add Event中，预置了近30项内部运行的常见Event事件。比如物体进入感应范围方框，就有Trigger Enter（进入）、Trigger Exit（撤出）、Trigger Stay（停留）3种状态（图6-132）。

BECAME INVISIBLE	TRIGGER ENTER
BECAME VISIBLE	TRIGGER EXIT
COLLISION ENTER	TRIGGER STAY
COLLISION EXIT	PLAYER CONNECTED
COLLISION STAY	SERVER INITIALIZED
CONTROLLER COLLIDER HIT	CONNECTED TO SERVER
FINISHED	PLAYER DISCONNECTED
LEVEL LOADED	DISCONNECTED FROM SERVER
MOUSE DOWN	FAILED TO CONNECT
MOUSE DRAG	FAILED TO CONNECT TO MASTER SERVER
MOUSE ENTER	MASTER SERVER EVENT
MOUSE EXIT	NETWORK INSTANTIATE
MOUSE OVER	APPLICATION FOCUS
MOUSE UP	APPLICATION PAUSE
	APPLICATION QUIT

图6-132　PlayMaker预置的Event事件

Step 04 在雕塑四周创建4个Tigger触碰感应框，之后给角色秦俑添加PlayMaker状态机，在Events中新建5个事件：In_A、In_B、In_C、In_D、Out，即四个方向的进入和离开的事件（图6-133）。

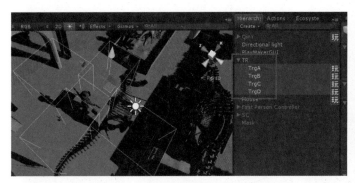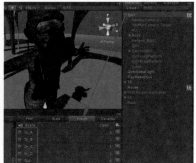

图6-133　创建角色四周的触碰感应框

Step 05 给感应范围方框添加PlayMaker状态机，将初始状态命名为idle，并添加TRIGGER STAY和TRIGGER EXIT两个转换事件。当物体进到感应框时，激发事件TRIGGER STAY，感应框进入新状态doing；当物体离开感应框时，激发事件TRIGGER EXIT，感应框进入另一状态T（图6-134）。

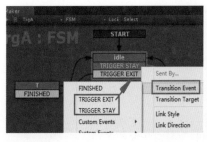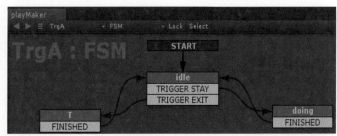

图6-134　给感应范围方框添加出入状态机

Step 06 在触碰感应框的FSM中，将TRIGGER STAY激活的状态doing，加载动作命令Send Event By Name，指定Event Target为FSMComponent，FSM Component为秦俑角色QinY，并在Send Event项选择In_A事件（图6-135）。

图6-135 给触碰感应框状态机指定触发事件

Step 07 在秦俑角色QinY的FSM中，将In_A、In_B、In_C、In_D四个事件分别指定给StateA、StateB、StateC、StateD四个方向进入状态。再将四个状态的Out离开状态，连回初始状态State1（图6-136）。

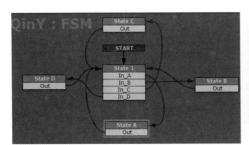 

图6-136 角色FSM状态机指定进入和离开状态

Step 08 在秦俑角色QinY的FSM中，设置StateA、StateB、StateC、StateD四个方向进入状态，加载Play Animation命令，在Anim Name指定一个动作片段；加载Set Rotation命令，在Y Angle角度设定为90。实现第一视角物体触碰感应框后，秦俑转到朝向，开始运动；第一视角物体离开触碰感应框，秦俑停止动作，以T-pose静立（图6-137）。

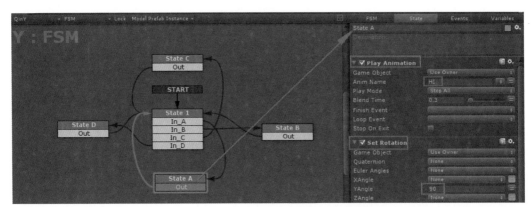

图6-137 给四个方向的触碰添加播放动画的命令

Step 09 为了增加视听的交互性，在秦俑角色QinY的FSM的StateA、StateB、StateC、StateD四个状态上，加载Set Game Volume命令设置音量，加载Play Sound '在Audio Clip指定播放的声音文件（图6-138）。

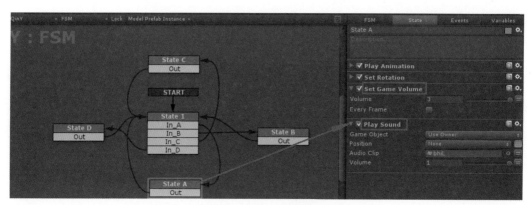

图6-138　给四个方向的触碰事件添加声音

Step 10　此外，PlayMaker还提供了强大的关卡场景切换功能。利用Actions动作中的Level命令，有条件地切换场景。要注意，在执行Load Level命令前，要先在File > Build Settings里面将设置好的关卡场景点击Add Current加载到Unity的关卡管理器里（图6-139）。

图6-139　PlayMaker提供的关卡场景切换功能

6.4.2　角色智能AI逻辑设定

在很久以前，受限于计算机性能和图形效果，游戏往往是以玩家为唯一主动对象的，玩家发出动作，游戏响应结果。除此之外，不需要系统在玩家没有发出动作时产生响应。可以说，玩家的动作与游戏是"同步"的。随着计算机的处理能力的发展，更绚丽的游戏逐渐产生。玩家就不能只满足盯着屏幕上静态的一张张图片进行游戏。也就是说，游戏可以有自己的方式，能够与玩家主动沟通。这样才能使游戏更加生动，使虚拟的环境显得更加真实。让游戏中非玩家角色（NPC）拥有自己独立的动作，这在一定程度上推动了游戏AI产业的发展。

AI是人工智能（Artificial Intelligence）的英文缩写。它是研究、开发用于模拟、延伸和扩展人的智能的理论、方法、技术及应用系统的一门新的技术科学。人工智能是计算机科学的一个分支，它企图了解智能的实质，并生产出一种新的能与人类智能相似的方式做出反应的智能机器，该领域的研究包括机器人、语言识别、图像识别、自然语言处理和专家系统等。人工智能从诞生以来，理论和技术日益成熟，应用领域也不断扩大，可以设想，未来人工智能带来的科技产品，将会是人类智慧的"容器"。将AI智能逻辑加入到交互作品中，可以让作品更有人性的智慧。

在交互作品中对于主角的AI智能行进方向控制，可以参阅本章6.1.3中Unity动作控制，其中讲解了利用Unity的Animator控制器与PlayMaker结合，控制角色行进状态。2009年本书编者创作了动画短片《Graffiti Street（涂鸦街）》，2014年将片中的主角棒棒和野狗的元素结合，为了避免打打杀杀的俗套玩法，受到"肉包子打狗"这句俗语的启发，制作了一个简单的游戏原型测试。测试中，设定野狗会受到肉包子和棒棒的吸引，棒棒为了避免被野狗咬伤和打伤狗，他可以抛出肉包子引开野狗。对于制作有"敌意"的野狗的AI智能逻辑,可以利用PlayMaker的FSM进行设计。

下面将敌方野狗搜索肉包子,追击主角的主要的AI交互制作思路与步骤进行讲解,相关工程文件可到本书配套光盘中下载。

Step 01 首先给野狗的Basic Enemy物体创建子Rader(雷达)物体,用来雷达监测主角棒棒是否在范围之内,用Raycast方式侦察的优点是,可以实现被侦测物体在掩体后面不被发现,这样棒棒在墙后就不会被野狗察觉(图6-140)。

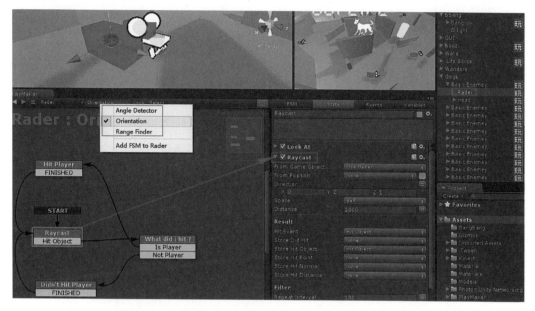

图6-140 用来Rader雷达监测主角是否在无遮挡范围内

Step 02 当被检测的物体从墙后显现时,Raycast被激活,发送Hit Object(攻击性物体)事件,并缓存Hit Object物体(图6-141)。

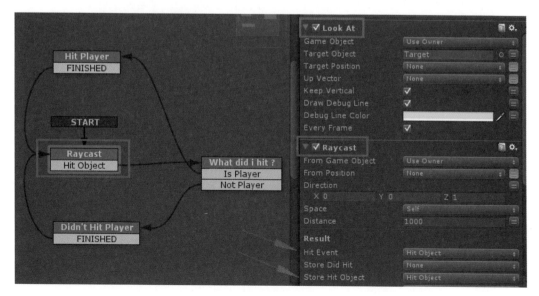

图6-141 被测物体从墙后显现时Raycast被激活

Step 03 当敌方野狗在Bool All True命令的3个自定义条件得到满足，即Target in Range（目标进范围）、Target in Visual（目标可见）、Target in Sights（目标视野显现），野狗就会发送Move Towards追击事件（图6-142）。

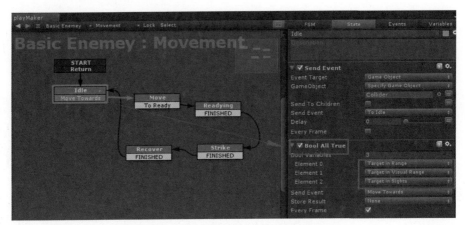

图6-142　当满足条件会发送野狗追击事件

Step 04 当敌方野狗的状态机Movement中的Move（追击）状态被激活，就会执行Smooth Look At（平滑注视）命令和Move Towards（移动到）Target（目标）命令（图6-143）。

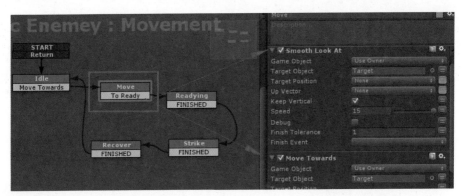

图6-143　追击状态被激活后会执平滑注视命令和移动到目标命令

Step 05 在野狗的子物体中牙齿的Collider与角色通过使用Get Distance测距，当Float Compare（浮点）比较值达到临界值；或者使用Trigger Event，在Collide Tag标签Player角色物体触碰时，都会发送Hit（进攻事件）（图6-144）。

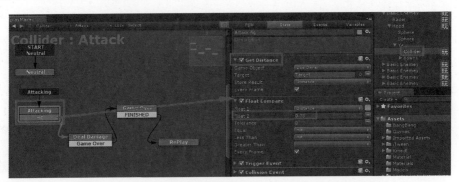

图6-144　当牙齿与角色距离小于临界值时会发送进攻事件

Step 06 当野狗的子物体中的Collider咬到角色后，角色生命变量HP降低10个值，当生命值Float Compare低于0时，发送Game Over事件，重置游戏（图6-145）。

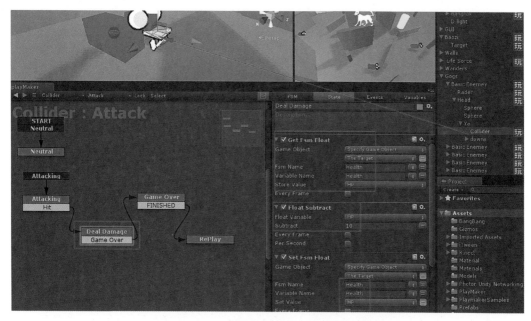

图6-145　咬到角色后角色生命变量的设置

Step 07 在场景中加入增加角色生命值和通关用的Life Score加血物体。当角色棒棒碰到Life Score时，就会发送Rehealth事件，通过Float Add给Health生命健康值加分（图6-146）。

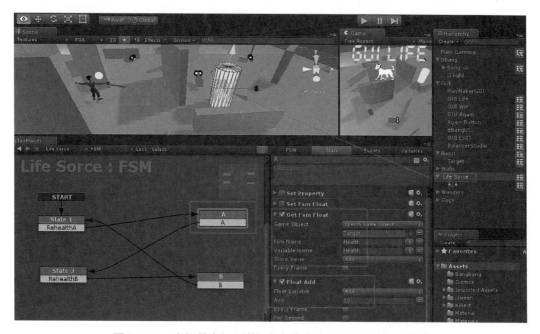

图6-146　在场景中加入增加角色生命值和通关用的加血物体

Step 08 当Health生命健康值在Float Compare命令比较达到100分时，GUI界面上的WIN胜利图文就会被Set Property命令里guiText.enabled激活显示，表示顺利通过关卡（图6-147）。

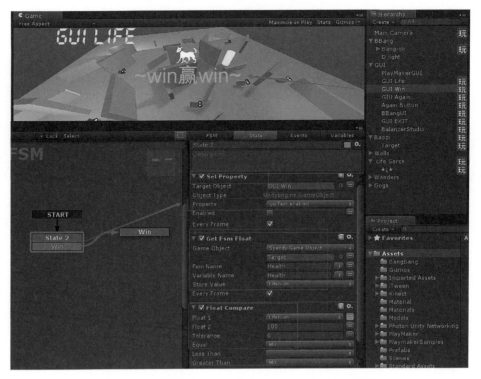

图6-147　设置当Health生命健康值达到100时通关

6.5　Unity交互作品发布

Unity具有对业界领先的多平台支持的能力。使用Unity游戏引擎，可以部署到多个平台，而且平台数量一直在增长。只需一次点击即可将发布内容部署在主要的移动、桌面和游戏机平台以及网络。使用官方的Facebook SDK让Unity轻松整合跨平台游戏，与Oculus Rift及更多系统协作。Unity得益于与各大平台拥有者和芯片制造商，包括微软、索尼、高通、英特尔、三星、Oculus VR和任天堂之间保持的强大和积极的纽带。由于这些联系Unity3D能够优化其编译选项，让创作者的内容跨越设备范围，高效顺利地运行。

图6-148　Unity移动游戏可发布到Android、iOS、Windows平台

Unity用于移动游戏，可发布到Android、iOS、Windows手机和Tizen。Unity用于桌面游戏，提供跨PC、Mac和Linux平台的一键式部署支持（图6-148）。独立开发人员发布到游戏机平台上，使用Unity可以方便地定位到PS4、PS3、Xbox One、XBox 360、PlayStation Mobile、PlayStation Vita和Wii U。Unity 5.0可以发布到Internet Explorer、Safari、

Mozilla Firefox等Web浏览器。目前为Unity开发人员提供原生Oculus Rift和Gear VR支持，即将提供Microsoft Hololens支持（图6-149）。

图6-149　Unity发布平台对游戏设备和虚拟眼镜的支持

6.5.1　Unity在安卓平台的发布

Unity的众多跨平台发布中，Android安卓设备是一个重头戏。在安卓系统所运载的手机、平板以及其他移动设备端口，手游与交互应用大量萌发，移动游戏产业持续增长，设备用户下载游戏的次数达到了一个空前的高度。Unity成为这场革命的主要推手之一。在美国波士顿进行的2015年Unite峰会上，著名引擎制造商Unity发布了关于公司产品的一组数据。根据这份数据报告显示，2015年4月1日～7月31日4个月时间里，超过17.4万款使用Unity引擎制作的游戏和移动应用总安装量超过25亿次，独立安装设备数量达到11亿部。从平均值来看，平均每天就有约900万台设备安装使用Unity制作的游戏2000万次。而在25亿次安装总量中，约7成都发生在搭载安卓操作系统的设备上，iOS设备占比仅不到两成（图6-150）。

图6-150　Android安卓的版本发展和Unity游戏市场前景

API应用程序界面，即Application Program Interface。API级别标识为保证用户和应用程序开发者的最佳体验，起了关键作用：API让Android平台可以描述支持的框架级别的最高版本；让应用程序可以描述其需要的框架级别版本；使得系统在硬件设备上安装应用程序时能够检查版本是否匹配，使得版本不兼容的应用程序不会被错误安装在设备之上。Android从2007年的Android 1.0发展到今天的Android L一共经历了20个版本（以开放API级别来计算）（图6-151）。

Platform Version	API Level	VERSION_CODE
Android 5.1	22	LOLLIPOP_MR1
Android 5.0	21	LOLLIPOP
Android 4.4W	20	KITKAT_WATCH
Android 4.4	19	KITKAT
Android 4.3	18	JELLY_BEAN_MR2
Android 4.2, 4.2.2	17	JELLY_BEAN_MR1
Android 4.1, 4.1.1	16	JELLY_BEAN
Android 4.0.3, 4.0.4	15	ICE_CREAM_SANDWICH_MR1
Android 4.0, 4.0.1, 4.0.2	14	ICE_CREAM_SANDWICH
Android 3.2	13	HONEYCOMB_MR2
Android 3.1.x	12	HONEYCOMB_MR1
Android 3.0.x	11	HONEYCOMB
Android 2.3.4 / Android 2.3.3	10	GINGERBREAD_MR1
Android 2.3.2 / Android 2.3.1 / Android 2.3	9	GINGERBREAD
Android 2.2.x	8	FROYO
Android 2.1.x	7	ECLAIR_MR1
Android 2.0.1	6	ECLAIR_0_1
Android 2.0	5	ECLAIR
Android 1.6	4	DONUT
Android 1.5	3	CUPCAKE
Android 1.1	2	BASE_1_1
Android 1.0	1	BASE

图6-151　安卓各版本API应用程序配置

下面讲解Unity在安卓平台发布的基本步骤。

Step 01　为实现安卓平台发布，首先下载Google Android SDK，运行SDK Manager.exe。下载Android SDK Manager安卓开发管理器时，往往速度太慢。我们可以试用一些网络代理方法优化。例如：打开tool>options选项，将Proxy Settings 里的HTTP Proxy Server和HTTP Proxy Port分别设置成mirrors.neusoft.edu.cn和80，并勾选Others中的复选框Force https://...sources to be fetched using http://...（图6-152）。

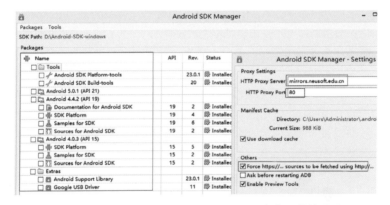

图6-152　安装Android SDK Manager安卓开发管理器

Step 02　在Unity的File > Build Setting中，切换到Anroid发布，并点击Player Setting（游戏设置）（图6-153）。

图6-153　进入Player Setting（游戏设置）

Step 03 在Unity安卓发布设置中，注意Other Settings的Identification 版本信息中Bundle Identifier*批次编号，将com.Company.ProductName中ProductName进行自定义。另外，Minimum API Level最低版本级别需根据具体设备的版本进行设置（图6-154）。

Step 04 在Unity安卓发布设置面板Resolution and Presentation下拉菜单中，将Defaut Orientation*默认朝向设置为Lanscape Left（左侧横屏）（图6-155）。

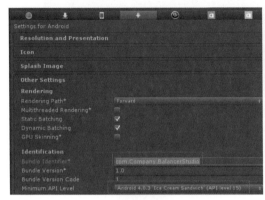

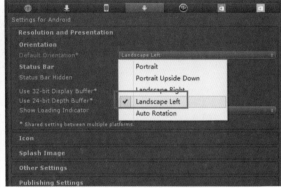

图6-154　设置发布版本信息和　　　　图6-155　设置默认朝向为
　　　　API最低版本级别　　　　　　　　Lanscape Left左侧横屏

Step 05 完成安卓APK文件发布之后，可以使用360手机助手等软件，把APK程序安卓到手机或Pad上，进行测试运行（图6-156）。

图6-156　APK程序在安卓平台进行测试

6.5.2　Unity在PC平台的发布

相比Unity在安卓平台上的繁复步骤，PC平台上比较简便，PC上生成的是EXE格式文件，就如同屏幕保护程序。在Unity的File > Build Setting中，切换到Android发布，勾选Development Build（创建开发数据包）。另外，注意在PC发布设置面板Resolution and Presentation下拉菜单中的Display Resolution Dialog下拉菜单选取Hidden By Default（默认为隐藏），这样在运行exe文件时，会跳过分辨率窗口对话框（图6-157）。

比较有趣的是，Unity发布的EXE文件，更改后缀为SCR之后，就可以安装成屏幕保护，这样就可以利用Unity制作DIY屏保（图6-158）。

图6-157　设置Unity3D在PC平台的发布

图6-158　将Unity发布的EXE变成屏幕保护

6.5.3　Unity在网络平台的发布

Unity在网页平台上的发布，要注意Unity安装版本的问题。尽量安装一个新版的Unity和对应的Web Player，避免出现不兼容（测试中，Unity5.1.0f3版本发布网页平台比较稳定）。在Unity的File > Build Setting中，切换到Web Player网页平台发布，勾选Offine Development（离线数据）和Development Build（创建开发数据包）（图6-159）。

图6-159　Unity在网页平台上的发布

　　若发布的网页文件出现不兼容的情况，很大可能是缓存文件出错。可以尝试清除一下C:\Users\Administrator\AppData\LocalLow\Unity\WebPlayer文件夹里面信息，重新运行网页，并用记事本检查info.plist文件，<string>之间版本信息。注意Unity和Web Player版本的统一（图6-160）。

图6-160　网页文件出现不兼容的情况的排除方法

　　Unity将以html格式发布网页文件，运行时360浏览器为IE模式时会提醒安全警告，确定进入网络平台测试界面（图6-161）。

图6-161　进入网络平台测试Unity发布作品

第7章

运用软硬件开发交互动画

上一章主要讲解利用Unity进行软件交互设计，本章将讲解利用Arduino硬件设备进行硬件交互设计，以及软硬件协调配合制作互动作品的方法。Arduino是一款便捷灵活、方便上手的开源电子原型平台，包含硬件（各种型号的Arduino板）和软件（Arduino IDE），支持多种互动程序，如Flash、Max/Msp、vvvv、PD、C、Processing等。它可以与微软的Kinect配合，通过Uniduino与PlayMaker，跟Unity3D一起，创作虚实结合的交互艺术创作。Arduino的接口可以搭配各类微信传感器，通过串口、蓝牙或WIFI，与计算机互传信息。常见的入门级Arduino板是Arduino Uno3和Arduino Leonardo。在Arduino的板上针脚中，D字开头的是数字接口，A字开头的是模拟接口（图7-1）。

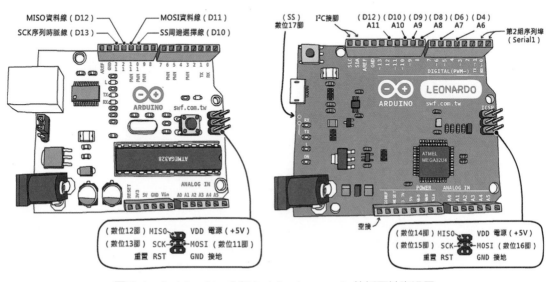

图7-1　Arduino Uno3和Arduino Leonardo的板面针脚设置

7.1 采用开源单片机控制交互动画

在工业4.0时代，随着创客文化的兴起，开源式的单片机与其控制软件逐渐和动画创作结合，形成了交互动画这种形式。

MCU（Micro Control Unit）中文名为"微控制单元"，简称"单片机"。这种芯片级的计算机集成了原先计算机的CPU、RAM、ROM、定时计数器和多种I/O接口，为不同的应用场合提供了不同组合控制，树莓派就是微型计算机的典型代表。常见的MCU芯片有ARM、AVR、PIC，本部分主要介绍AVR芯片单片机（图7-2）。

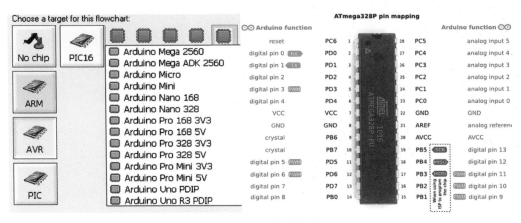

图7-2 AVR芯片单片机

AVR单片机是1997年由ATMEL公司挪威设计中心研发出的增强型内置Flash的RISC（Reduced Instruction Set CPU）精简指令集高速8位单片机。AVR单片机可以广泛应用于计算机外部设备、工业实时控制、仪器仪表、通讯设备、家用电器等各个领域。现在热门的Arduino就采用了AVR系列芯片，由Massimo Banzi和其团队开发，是一个基于开放原始码的软硬件平台，构建于开放原始码simple I/O界面版，并且具有使用类似于Java、C语言的Processing/Wiring开发环境。Arduino各版本性能比较：Uno为标准板，拥有Arduino所有基本功能，使用得最为广泛；Mega 2560拥有较多的输入/输出管脚，适用于需要较多管脚的大型项目或实验；Leonardo带有USB接口，适用于需要USB功能的应用；Mega ADK带有USB Host接口，可以连接Android手机；Due是Arduino首款基于32位ARM cortex.M3核心的控制板，特点是速度快和容量大。总的来说，Uno、Mega2560、leonardo、Mega ADK都是基于8位或16位的AVR芯片的单片机，而Due的处理器核心是32位的Atmel SAM3X8E，所以编程上与Arduino其他版本有很大差别，不能兼容原来的程序（图7-3）。

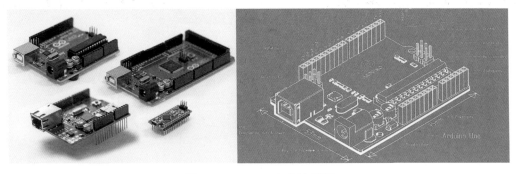

图7-3 Arduino各版本图示

7.1.1　Arduino开发与传感器交互应用

　　台湾的帝凯互动科技与豪华朗技工，在Arduino的基础上开发了Centurion系统。Centurion系统的运作取决于Master（主控端）的硬件的性能，Slave（分机端）每一款式皆可输出12路I/O信号输入输出，50片Slave端的I/O信号可达600点（图7-4）。

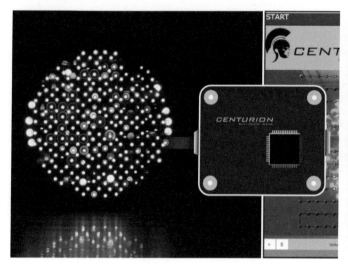

图7-4　帝凯互动科技与豪华朗机工开发的Centurion系统

　　帝凯科技是2010年创立的，帝凯科技的成员一直以来研究和寻求在科技上的可能性，发挥想象空间。他们参与设计展与博物馆式的互动，尽量避免"为了互动而互动"。帝凯科技与豪华朗机工合作，后者负责结构、艺术意象的构想，前者则负责科技部分。比如"日光域"这个作品中，帝凯科技设计了它的电路板，这个作品被赖清德放到台南的一个美丽的湖畔（图7-5）。

图7-5　交互作品"日光域"

　　Raspberry Pi树莓派作为微型计算机的典型代表，用于地铁站牌的创意平面广告的交互设计中。目前在瑞典首都斯德哥尔摩的地铁站里护发品牌Apolosophy竖起了广告牌，这个位于地铁广告牌上的洗发水广告将动感带入平面海报，每当地铁进站，广告中模特的头发就会被呼啸的风吹起，柔顺感妙不可言。工作人员在广告牌里安装了Raspberry Pi（树莓派）微型电脑，当列车停在站台前时电脑就会侦测到，然后让女模特的头发扬起来，就像是被地铁的风给吹起似的。这个广告的成本也并不贵，因为Raspberry Pi电脑的价钱大致为100美元（图7-6）。

图7-6　Raspberry Pi树莓派应用于地铁站交互广告中

信号I/O有硬件与软件两方面。硬件方面指的是传感器。Input信号输入端使用的传感仪（Transducer/Sensor）是一种检测装置，能感受到被测量的信息，并能将感受到的信息，按一定规律变换成为电信号或其他所需形式的信息输出，以满足信息的传输、处理、存储、显示、记录和控制等要求。常见的传感仪有光控、声控、角控、温控、触控、眼控、脑控等。传感仪是实现自动检测和自动控制Input端的首要环节（图7-7）。

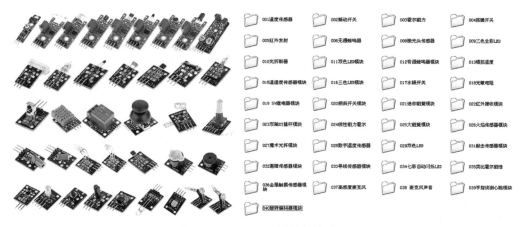

图7-7　Arduino可连接的传感器

信号I/O软件是指Input（输入）和Output（输出）信号的传输和转换。Arduino与PC的通讯信号转化有两种方式：串口信号转键盘输入和Firmata配合串口代理。

将Mind+编写的输入信号转化成串口信号，配合Hi-Scan恒山条码科技研发的串口转键盘口工具UpDown，可以实现类似键盘控制游戏的效果，而键盘信号被替换成了各种传感器信号（图7-8）。

图7-8　将Mind+编写的输入信号转化成串口信号

Firmata起初是针对于PC与Arduino通讯的固件（Firmware），是各种图形编程与Arduino信息交互的桥梁，其目标是让开发者可以通过PC软件完全地控件Arduino，其宗旨是能与任何主机PC软件包兼容。到目前为止，已经得到不少语言的支持，可方便地将对协议的支持加入软件系统中。Firmata协议支持超过16路模拟通道，超过128（16*8.bit ports）路数字通道的信号I/O。

7.1.2　使用Arduino操控动画角色

ArduinoTO用于将Arduino众多交互动画设计软件进行互通，例如：Arduino 2 Game Maker、Arduino 2 Reaper、Arduino2Flash、Arduino2MaxMSP、Arduino2Virtools、Arduino4Android、druid4arduino、UNIDUINO Arduino for Unity等。 而 随 着Unity交互引擎在2D和3D动画游戏领域的异军突起，我们将在后面章节重点讲解，利用Arduino和Unity结合，控制角色的案例。

利用声光电、碰触、距离，我们可以将现实生活中的体感信息与虚拟角色与空间的交互事件相联系，创造出独特的艺术作品与审美体验。

电路感应主要有电阻和电容两种方式，电容式传感器和电阻式感应器的机械区别在于电容式是非接触式（感应），电阻式为接触式（感应）。电路原理区别在于电容式改变频率，电阻式改变电压或电流。电阻式感应以MaKey MaKey和Fenduino TouchKeyUSB Shield V3_1为代表（图7-9）。

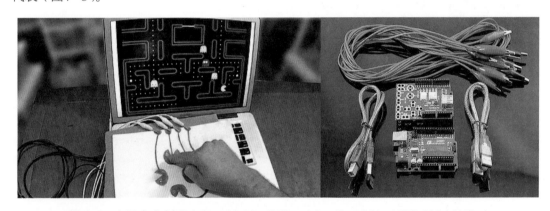

图7-9　电阻式感应板MaKey MaKey和Fenduino TouchKeyUSB Shield V3_1

MaKey MaKey是由麻省理工媒体实验室的两名学生Jay Silver（杰·西维）和Eric Rosenbaum（埃里克·罗森巴姆）研发的。这块电路板体积很小（跟Arduino Uno差不多），拥有一个链接电脑的USB接口，以及用于挂接其他物体的鳄鱼夹。MaKey MaKey的意义在于它可以用极其简单的方法来让艺术家创造艺术。它不需要安装驱动程序，也不需要写任何代码，但如果用户想写代码的话，它也可以像Arduino一样工作。目前只要物体能够导电，MaKey MaKey就可以在上面工作，如果没有反应，喷点水在上面也可以，所以即使是石头也都没有问题。其中的原理就是通过单片机模拟一个键盘，引出几个键，并且使用触摸形式代替开关。

使用一块Arduino加上Touch key USB Shield，也能将MaKey MaKey效果实现出来。Touch key USB Shield使用触摸作为输入方法，采用双触点的触摸开关，将触摸端和地端引出，连接到两块触摸电极上。人触摸两个极的时候，由于人体电阻的关系，两触摸电极之间有一定电流流过，通过检测这个电流大小即可检测出触摸事件。Makey Makey的虚拟键盘也是用的这种方法（图7-10）。

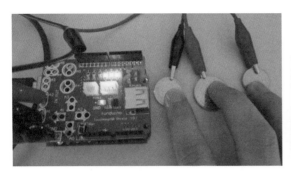

图7-10　TouchKeyUSB Shield模拟MaKey MaKey

　　在电容式感应中，我们可以利用Arduino配合Unity、PlayMaker，在电容Touch触碰上，实现动画角色控制。电容式感应触摸开关不需要人体直接接触金属，可以彻底消除安全隐患，即使戴手套也可以使用，并且不受天气干燥、潮湿人体电阻变化等影响，使用更加方便（图7-11）。利用Serial2Usb串口转USB键盘信息工具，就可以将Arduino接受转化的串口信息，转化为键盘输入。这样就轻松实现了类似键盘控制交互角色的效果（图7-12）。

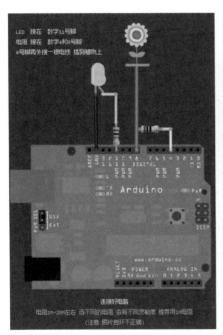
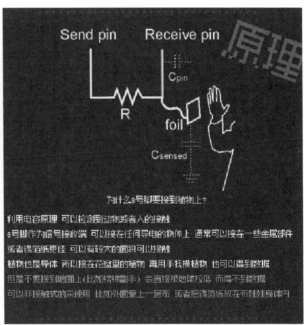

图7-11　电容式感应触摸开关

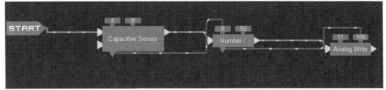

图7-12　利用串口转键盘信息工具控制交互角色

　　在Aruidno动画控制中，模拟信号输入可以用来控制旋转缩放之类有时间变化的量，利用Mind+设计控制脚本，导出串口信息，再利用Uniduino与PlayMaker实现对Unity中的物件的控制（图7-13）。

图7-13　利用Uniduino与PlayMaker实现对Unity物件的控制

　　Unity不仅仅是通常意义上应用的游戏引擎，配合Edwon开发的Uniduino，以及由第三方软件开发商Hotong Games开发完成的可视化脚本工具PlayMaker，再结合在Arduino IDE运行具有Copyleft（著佐权）的Firmata协议，在Arduino MEPG2560开发板下载Firmata协议（建议使用Arduino IDE v1.0.5-r2版本和Firmata v2.3.6版本），进行Unity与Ardunio的数据通信。Unity和Arduino的结合使用，给实验艺术创作提供了强大的制作工具，能更丰富地展现艺术家的创意。下面的图片就是在动画片《涂鸦街·棒棒》和CG静帧《SeaRock》的创作基础上，衍生制作的交互作品，可以由PC键盘、手机触控、Arduino电感等控制，发布在智能移动操作平台上（图7-14）。

图7-14　利用Unity和Arduino在智能移动平台发布交互作品

　　要想使Arduino控制动画角色，首先要实现跨平台通讯。

　　Android移动智能平台与PC电脑互动交互操作时，可以采用虚拟键盘鼠标，在移动中操控电脑（图7-15）。该平台可以利用带有Android系统的手机或平板电脑（Pad），与PC电脑进行信号通讯，从而模拟交互操作中键盘和鼠标的操作。在通讯系统中，有WIFI和Bluetooth两种连接方式，也就是通常说的无线热点和蓝牙技术。从实际中的多次测试来看，WIFI的兼容性更好，蓝牙技术在手机与电脑的适配上，BlueSoleil的兼容性有待提高，使用默认的蓝牙驱动工具比较稳定。在WIFI连接上，可以通过Connectify这款软件，实现笔记本上的无线网络的数据通讯。AIR HID是由tomNeko开发的，可以通过WIFI连接，并安装Java程序"andReceiver"在PC机上运行，使手机变成无线键鼠。常用的无线操控软件，如Monect魔控、百变遥控、手电通、Unified Remote等，一般连接方式会有蓝牙、WIFI和手机数据线，相比之下，AIR HID虽然目前只有WIFI的连接方式，却可以自定义虚拟键鼠的按键和触摸区域。而且相比实体的无线键鼠，其自定义按键和触摸区域，以及与安卓手机系统集成一体的优势也很明显。同时使用蓝牙与WIFI这两种无线数据通讯方式时，有时会出现信号干扰。蓝牙耳机接通时，Connectify时断时续，这是现在比较棘手的问题。通过测试，现阶段较为容易的解决方法是，设置Connectify模拟的虚拟网卡的静止IP地址，从而减轻干扰。

图7-15　虚拟键盘鼠标

Android移动平台与Arduino进行交互操作时，有两种思路可以参考。

第一种是用Firmata协议进行通讯，以Anton Smirnov开发ArduinoCommander为代表（图7-16），它以蓝牙、以太网或USB连接Android设备，通过所见即所得的Android模拟界面，使用虚拟传感器或JavaScript脚本控制Android板。

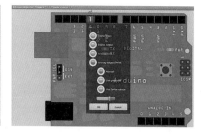

图7-16　Anton Smirnov开发的ArduinoCommander

第二种思路是通过蓝牙从手机端发送字符到Arduino，再使用Arduino IDE编程，将字符转换成相应的Pin口信息，以Arduino Bluetooth Controller和Arduino Bluetooth RC Car为代表（图7-17）。Arduino Bluetooth Controller，这款Android应用程序通过连接蓝牙模块，建立Arduino/微控制器的项目。它允许用户设置自己的蓝牙模块的UUID（即通用唯一识别码，Universally Unique Identifier的缩写），来连接Android应用程序。附带此应用程序的默认UUID是专门针对带有4针脚RS232串口的HC05蓝牙模块（如果蓝牙模块与智能手机首次配对，要使用默认的UUID，操作者必须设置一个4位数字的密码，默认密码是"1234"）。Arduino Bluetooth RC Car程序的目的是要与改装后的遥控车使用。用Arduino微控制器更换汽车先前的控制电路。这涉及编程，可以配合Android_Serial_read_TEST脚本。Android_Serial_read_TEST，是由Mr.Balancer编写，为收集Android手机通过蓝牙发送给Arduino的Serial串口信息，并将字母信息转化为数字Pin的IO开关信息的ino脚本，运用了"Serial.begin（）""Serial.read（）""digitalWrite（）"这类关键指令，此脚本可以浏览BalancerStudio博客下载。这里提醒一下，蓝牙模块建议使用HC-05主从一体机，HC-06因为主从分体，不推荐使用。

图7-17　通过蓝牙从手机端发送字符到Arduino

7.1.3　Arduino交互控制的优化与改造

　　现有的Arduino开发板虽然能应对绝大部分应用情况，但是对于可移动操控、多个Arduino堆塔协同配合、针脚追加等情况，就需要对于进行一些适当的DIY改进。本书编者根据实际需要对Arduino进行了以下改装实验。例如：双Arduino Uno上下连接，使用尼龙六角隔离柱M3*520+6固定。将Arduino原先的排母替换成arduino专用间距2.54mm，针长11mm的加长排母（图7-18）。

图7-18　Arduino交互控制的优化与改造

1. 电源Power

　　电源部分，采用了锂离子电池。最早出现的锂电池来自于发明家爱迪生。1992年，Sony成功开发锂离子电池。现在市面上锂离子电池有大两类，Li-ion（锂离子电池）和Li-poly（锂聚合物电池）。前者原料是液体的，必须有金属壳，电池放电速率小，适合手机、相机之类。li-poly是聚合物电池，成本较高，能做成任意形状，适用于航模。这里使用Li-ion的LP-E8锂离子电池，其电量1500毫安，电压7.4伏。利用面包板跳线连接DC接线，给Aruduino的DC电源口提供7.4伏直流电。

2. 无线通讯Wireless

　　使用两块HC.05蓝牙通讯模块，分别执行无线信号的发送（TX）和接收（RX），也就是指定主从模式。HC.05与PC电脑的连接，这里使用FT232RL（USB转串口下载器）。在HC.05模块上电之前，把WAKEUP脚接VCC，然后将HC.05和FT232RL的VCC、GND针脚对接，TX、RX针脚反接。对HC.05上电后，此时LED提示灯两秒一次慢闪，模块进入AT状态，串口助手SSCOM32，选择FT232RL对应COM串口，波特率固定为38400。AT指令里，AT+ROLE指定主从，AT+UART指定蓝牙通信串口的波特率，经过测试Arduino Uno R3和DCC MEGA2560都用的是57600。若At指令发送通畅，接收窗口回复信息OK（图7-19）。

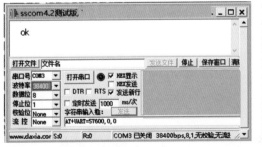

图7-19　串口助手SSCOM32检测HC.05蓝牙通讯模块

　　PC在连接外部串口设备时会产生COM号，系统在指定COM串口时，经常会发生配置冲突。为解决这问题，首先清除被占用的串口，具体操作如下。

　　WIn键+R，进入"运行"对话框中输入"regedit"进入注册表，然后进入HKEY_

LOCAL_MACHINE\SYSTE\CurrentControlSet\Control\COM Name Arbiter这时我们可以找到该数值项：ComDB，它的值代表目前使用中的串口端号。把ComDB这个数据项删除，关闭注册表即可，无需重启电脑。

修改计算机的串口号的方法。进入windows系统的控制面板，双击"系统".单击"硬件"页，单击"设备管理器"，打开设备管理器后，双击"端口（COM和LPT）"，双击"通讯端口（COMx）"，单击"端口设置"页面，单击"高级"，在COMx的高级设置窗口的左下部有一个"COM端口号"的下拉框，从中选择所需要的选项，比如COM5，按确定退出，完成操作。以Window8.1系统为例，桌面左下角视窗图标，右键选择并打开控制面板，然后进入控制面板＞所有控制板项＞设备和打印机，选择需要调整的端口COMx，打开端口属性，单击"高级"，在COMx的高级设置窗口的左下部有一个"COM端口号"的下拉框，从中选择需要的串口号，比如COM1，按确定后退出即可（图7-20）。

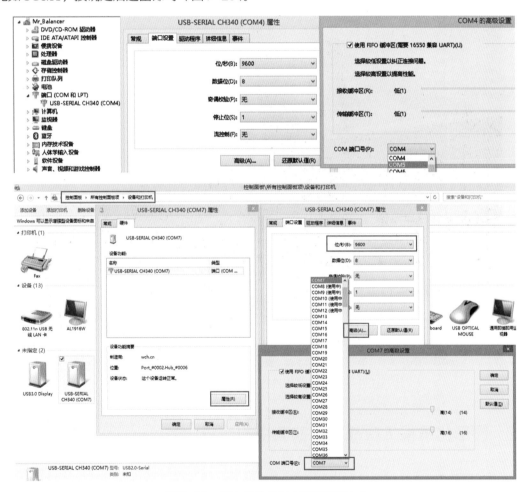

图7-20　解决系统COM串口配置冲突

3.堆塔结构

使用尼龙六角隔离柱实现Arduino的堆塔结构，是指将多个Arduino板层叠放置，将部分板子指定成信号接收，一个指定为信号总控与发送。这样的好处在于，每块板子独立运行自己的程序，互不干扰，简化编程和纠错工作。板子之间的Input和Output信息相互关联，可以实现复杂的交互控制效果（图7-21）。

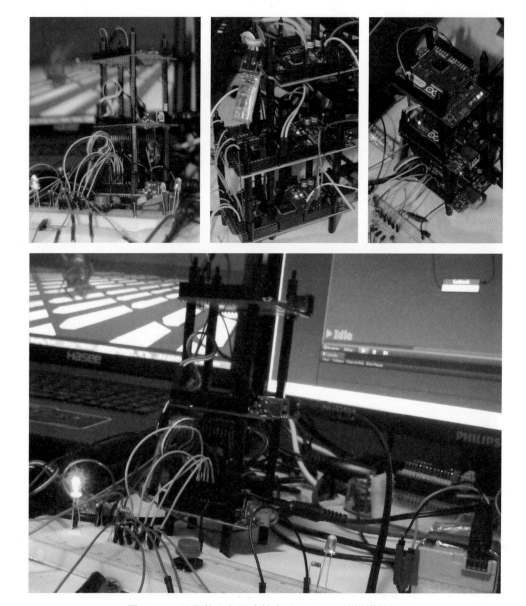

图7-21　用尼龙六角隔离柱实现Arduino的堆塔结构

7.2　图形化编程工具在交互动画中的应用

在讲交互动画制作之前，我们先了解一下Unity交互引擎中的图形化编程工具。由于Unity使用JavaScript和C#作为脚本语言，这个环境下的可视化编程插件只是把C#函数和脚本打包成了可视化的逻辑块，并没有改变其设计思路，因此Unity下的可视化编程插件很适合用来学习编程。对于初学者来说，用可视化插件组装起来的游戏逻辑和用C#手动编写的游戏程序几乎对应，有时甚至能精确到函数段落。例如，Antares Universe里的函数块就和Unity的函数功能基本对应。在已熟悉整个设计流程的情况下，只需查阅Unity官方的脚本参考手册，就能完成从可视化编程到文本编程的翻译。《从零开始学游戏编程——可视化编程游戏开发工具学习指南》一文的作者、aBit Games独立游戏开发团队创始人王楠认为，经过可视化工具的启发，可以快速理解编程的框架，理解手写编码的思路，发现现有插件的不足，并尝试自己编写程序。有了图形化编程工具就能快速入门，开发交互游戏，渐渐看懂手写编程代码，并进一步自己编程。可视化编程工具对于游戏开发者来说就是一个筛选需求的过程：在硬啃编程书籍时，感觉自己有100个需求，但都不知道从哪开始学习，如何去实现，使用可视化工具，可以轻松实现90个需求，剩下10个就被放大并明确化了。接下来依靠上网学习或向他人请教，终究也能自己实现。个别超出能力的需求不要强求，请别人做或者放弃都比钻牛角尖要好。Antares Universe拥有和Unity API里的函数几乎对应的可视化编程（图7-22）。

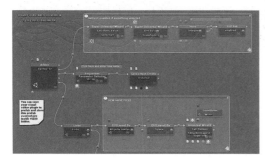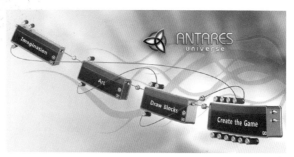

图7-22　Antares Universe可视化编程

图形化编程工具与手写程序代码的关系，可以类比图形和语言的关系。C、>C++、>C#、JavaScript这些编程语言，就像是各国语言，在描述一个事物或事件上，各类语言五花八门，图形化编程工具则更像是一个通用的逻辑图符，很直观形象，符合人们的常规逻辑。最早的CG电脑图像是虽用图形编程语言生成的，然而现代的很多电影特效则可以利用类似Houdini这样的节点式特效软件完成绝大部分的工作，除非存在节点不完善的地方，才手写代码实现。

7.2.1　图形化编程简史

将程序与硬件结合，并注入创作者的思想与灵魂，可以让电子科技更人性化。Mind+和Unity插件PM&AU是可视化编程开发工具的代表。图形化编程最早可以追溯到1970s的Flow Based Programming，后来Rocky's Boots的诞生把电子和编程的关系提升到新的层面（图7-23）。现在流行的vvvv和Max-MSP这类交互设计软件，也有图形化编程的思路与身影（图7-24）。另一种流派就是基于MIT的开源项目Scratch，例如上海新车间开发的ArduBlock。它能做到用图像代替敲写代码，但是缺乏编程思维的人不见得能够驾驭好（图7-25）。

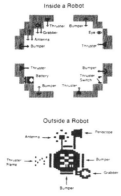

图7-23　可视化编程游戏Rocky's Boots

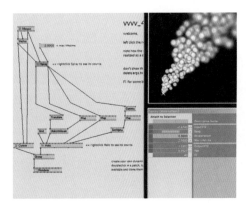
图7-24 交互设计软件vvvv

图7-25 上海新车间开发的ArduBlock

Mind+的开发者、创客Rex陈正翔研究比较了市面上较早的图形化编程工具软件，从人类思维容易理解的角度出发，把编程和操作图形化，让缺乏计算机知识的人士能够很直观地了解程序的运作过程。PlayMaker和Antares Universe是Unity图形化编程的代表，前者采用了流程图的方式设计状态机，再填入相应的功能；后者是将Unity常用功能打包成函数块，并按需求类别归纳成组，进行可视化编程（图7-26）。

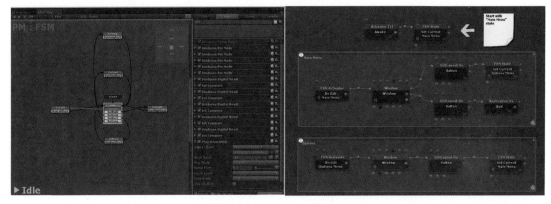
图7-26 Unity图形插件PlayMaker和Antares Universe

7.2.2 Mind+可视化编程与Arduino交互动画控制

Mind+是一款开源的图形化Arduino编程工具，在Windows、Mac和Linux上都能运行。无需任何编程背景，只需拉拽选择模块，设定参数，给模块连线并上传到Arduino，便能轻松快速地完成程序模型。编程从未变得如此快速和简单。图形化编程软件Mind+编写的，它里面包含了很多Arduino兼容的硬件模块，开发者只需要拖动相关的图标，连上线，即可在免敲代码的情况下完成编程工作。

Mind+这款软件的其中一位负责人是DFRobot的前成员，现任STARY电动滑板公司CEO陈正翔（Rex）。在20分钟拿下投资人百万美金来创业的他被美国杂志《Fast Company》评为中国商业最具创意人物100。Rex的经历与比尔·盖茨、乔布斯这些著名的智能领域创业精英一样，非大学科班出身，在高中时不愿盲从，独立思考自己的未来发展。他选择退学，把3年的学费换成一台电脑和两年的宽带。其实他非常清楚，这是父亲给他的最后一笔钱。此后，Rex先进入一家做虚拟现实和游戏引擎的公司，担任了5年售后技术支持工作，之后在上海创客空间"新车间"结识了硬件生产商DFRobot。在了解到DFRobot没有专门的软件部门和开发团队后，Rex提议建立一支队伍，研发出一款大家都知道的软件，即Mind+。Rex把之前做游戏的思路嫁接到这些电路板上，让更多缺乏计算机专业背景的人也能按自己的意愿驱动硬件。

　　Rex做Mind+的初衷，跟Arduino用户的特性有关。他们多数出身于机械甚至艺术专业，如果他们不学习编程的话，无法让硬件按着自己的意思工作，但是要掌握这门"业余技能"需要耗费很多时间，而且他们心里对编程有抵触。为了让这些人加入到创客阵营，触发跨界的思想碰撞，他最后决定要做一款门槛低很多的图形化编程软件，也就是现在的Mind+（图7-27）。

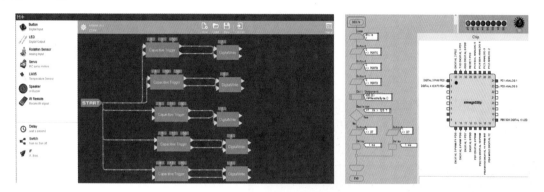

图7-27　Mind+与Flowcode界面比较

　　在开发图形化编程软件Mind+时，Rex周游德国、奥地利、荷兰教各地创客空间学习Arduino编程。他研究比较了市面上较早的图形化编程工具软件比如Modkit、Minibloq、Amici、Blocklyduino、PicoBlocks、Flowcode等，认为大部分都是基于某个开源项目进行修改的，而Rex及其团队成员在打造Mind+人性化设计环节投入了大量时间，把编程和操作图形化，让非计算机专业背景的人士能够很快了解程序的运作过程（图7-28）。

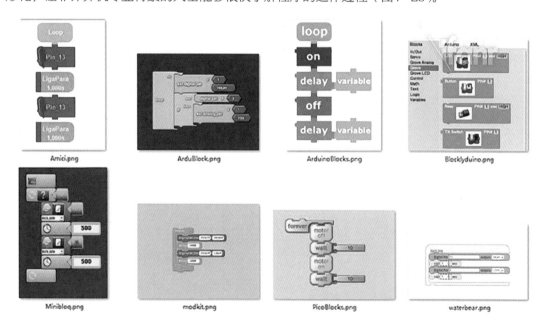

图7-28　图形化编程工具软件Modkit、Minibloq、Amici、Blocklyduino、PicoBlocks等

　　研究了大量的图形化编程历史并加以分析之后，Rex及其团队反复思考了以下问题：第一，编程是一种思维方式，代码只是一种表现手法，能否不通过代码实现编程。第二，编程分两部

分，一半在计算机里，另一半在人脑里，如何将它们统一起来。第三，如何让一般人看到程序的执行过程。第四，如何让计算机里的图像连线和真实世界物体产生关联。为了解决上述问题，他们在打造Mind+的过程中在设计环节花费大量时间。他们从人类思维能够理解的角度把编程和操作抽象化，让没有计算机知识背景的人也多少能理解程序的运作过程。具体来说，用户只需要打开Mind+，找到需要的模块拖到程序的右侧，从"Start"那边引出一条线，然后处理好模块之间的连线，还有条件判断关系，即可结束编程。为了表示信号传递的方向，Rex在引线上加入流动的发光点，设计出流水式信号线。

　　Mind+是一款跟开源硬件配搭的开源图形化编程工具。现在Mind+拥有Windows、Mac、Linux和ARM Linux四个版本。硬件兼容方面Mind+支持Arduino的全系列开发板。此外，Mind+也可以通过开放SDK和模块设计工具Block Maker，让更多人往里面自定义添加硬件DIY模块（图7-29）。

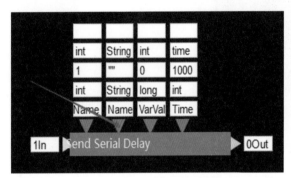

图7-29　Mind+开放的SDK和模块设计工具Block Maker

　　Mind+上传后，重新查看IDE代码的方法，打开Mind+的安装目录的文件夹：X:\Program Files（x86）\Mind+\resource\tools\ArduinoUploader\Temp\code.cpp。在Temp文件夹内，也存有X格式文件，其控制效果与cpp相同，可以利用Xloader独立烧录到Arduino中，注意Xloader使用的Buad rate频率（图7-30）。

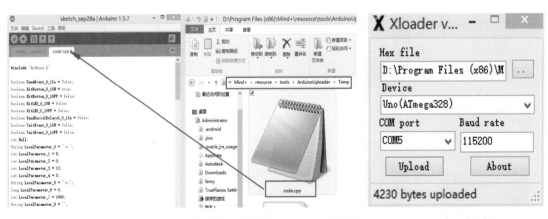

图7-30　查看Mind+上传的代码

　　在电路面包板雏形设计上，可以利用可视化软件ArduinoBox。Arduino设计助手ArduinoBox由homemode.me开发，是一款免费的图形化开源Arduino集成开发环境，基于homemode.me0.6、Fritzing0.83、Arduino1.5、Minibloq0.81、ardublock2013，帮助Arduino开发者快速、有趣地进行开发工作（图7-31）。

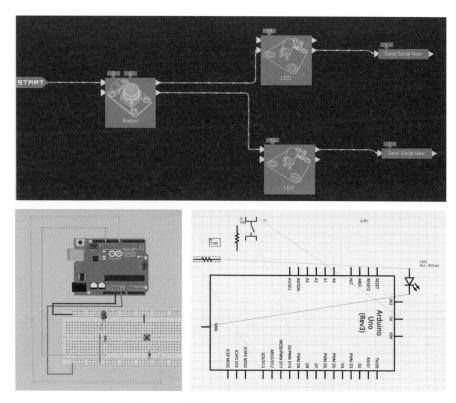

图7-31 Mind+配合ArduinoBox快速开发程序和电路

7.2.3 ArduBlock 图像代码与Arduino 交互动画控制

ArduBlock是Arduino IDE的可视化编程插件，它必须依附于Arduino IDE环境启动，是最受欢迎的Arduino编程入门工具之一。ArduBlock教育版是开源课程《Arduino创意机器人》所使用的编程工具，是著名创客何琪辰为中小学Arduino课程定制的版本。

ArduBlock教育版对Arduino IDE版本则要求是1.5或更高版本。软件安装和简单，只要将下载的压缩包中libraries和tools文件夹，复制到Arduino的安装目录下，重新运行Arduino IDE后，点击"工具"中的"ArduBlock"便可以启动，下载地址：http://blog.sina.com.cn/s/blog_6611ddcf0101kfs7.html。

启动ArduBlock之后，我们会发现它的界面主要分为三大部分：工具区（上），积木区（左），编程区（右）。其中，工具区主要包括保存、打开、下载等功能，积木区主要是用到的一些积木命令，编程区则是通过搭建积木编写程序的区域。下面将分别介绍这3个区域（图7-32）。

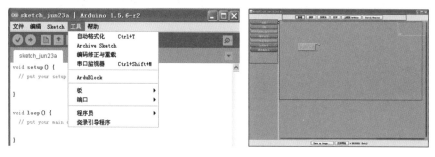

图7-32 Arduino IDE的可视化编程插件ArduBlock操作界面

工具区包括"新增""保存""另存为""打开""上载到Arduino""Serial Monitor"，"新增"就是新建，"保存""另存为""打开"也都是其他软件的常用工具，这里不再赘述。点击"上载到Arduino"，Arduino IDE将生成代码，并自动上载到Arduino板子，需要注意的是在上载Arduino之前，要查看一下端口号和板卡型号是否正确。在点击"上载到Arduino"之后，我们可以打开Arduino IDE查看程序是否上载成功。"Serial Monitor"则是打开串口监视器。

积木区包含了《Arduino创意机器人》课程中用到的所有模块，还包括有一些课程中没有涉及但经常用到的模块。积木区的积木共分为七大部分：控制，引脚，逻辑运算符，数学运算，变量/常量，实用命令，教育机器人。

编程区是程序编写的舞台，可以通过拖动右边和下边的滚动条来查看编程区。启动ArduBlock后，编程区会默认地放入一个主程序模块，因为主程序有且只能有一个，所以不能再继续往里面添加主程序模块了，如果再拖进去主程序模块的话，下载程序的时候会提示"循环块重复"。

除子程序执行模块外，所有积木模块都必须放在主程序内部。当搭建积木编写程序时，要注意把具有相同缺口的积木模块搭在一起，成功时会发出"咔"的一声。我们还可以对积木模块进行克隆或添加注释语句，只要选中该模块，右击就可以实现对该模块的克隆和添加注释操作；其中子程序执行模块还有另外一个功能就是创建引用，即点击之后会自动弹出调用该子程序的模块。

7.3　Arduino传感器与Unity交互实例

Arduino传感器与Unity3D产生交互通信有两种方式供选择，一种是Unity直接C#呼叫System.IO联机，一种是透过串口代理Serproxy通信（图7-33）。

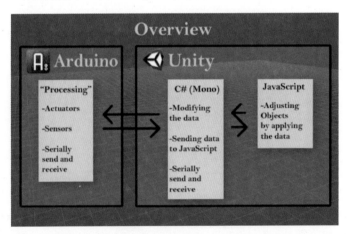

图7-33　Arduino传感器与Unity3D串口通信

以直接联机的方式为例，将本书配套光盘中的7.3Connecting Arduino to Unity.zip文件解压，然后进行准备工作。Unity导入项目数据夹Unity project files，更改com设定：/yourPath/Unity project files/Assets/Standard Assets/Scripts/Direct Connection/GuiArduinoSerialScript.cs，将COMPort变量更改为对应com端口。完成之后会有两种情况发生：一种是编译错误：找不到System.IO namespace lib，开Unity File>Build Setting>Play Setting>API Level，更改为NET 2.0。

以通过串口代理Perproxy通信的方式为例。

Step 01 将Unity项目指定到案例Unity project file文件所在的位置，并使用Processing打开"Arduino.Unity_sketch.pde"，复制并上传到Arduino（图7-34）。

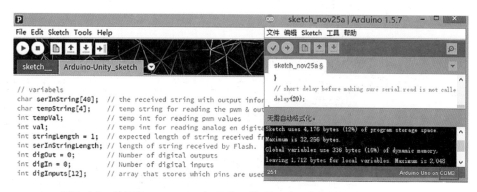

图7-34　使用Processing打开串口代理程序，复制并上传到Arduino

Step 02 编辑Serproxy.cfg文本，改变Serialproxy端口设置。双击启动SerialProxy.exe（图7-35）。

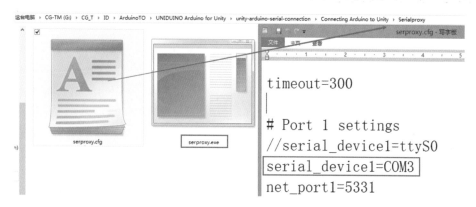

图7-35　编辑serproxy.cfg文件的端口设置

Step 03 在Unity中，打开名为"Unity project files"的Unity项目文件夹，双击打开场景文件"SerialProxy Arduino"（图7-36）。

图7-36　Unity中打开场景文件SerialProxy Arduino

Step 04 在Unity中按下Play运行，GameObjects方块旋转很快或很慢受到模拟输入变化值的控制。另外，当输入数字为1时，GameObjects上移，当为0时，回到原始位置（图7-37）。

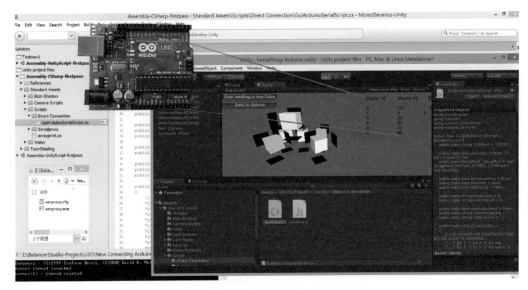

图7-37　模拟值控制旋转与数字值控制复位

7.3.1　Arduino与Unity的交互工具：Uniduino

Uniduino是Edwon与Daniel MacDonald联合研发的一个连接Unity游戏引擎与Arduino微控制器的插件。Uniduino可以用来做游戏，与现实世界协作。用户可以利用Uniduino控制汽车灯、充电器、烟雾机等几乎任何电子产品与Arduino一起工作（图7-38）。

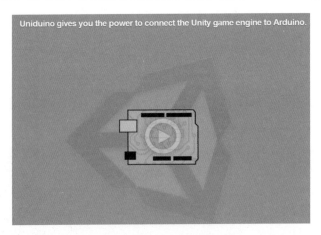

图7-38　连接Unity与Arduino的插件Uniduino

Uniduino可以使用众多电子元件可以连接到Arduino的输入或输出，同时使用多个Arduino电路板。针对非程序员，Uniduino可以配合由第三方软件开发商Hotong Games开发完成的可视化脚本工具PlayMaker，再结合在Arduino IDE运行具有Copyleft（著佐权）的Firmata协议，在Arduino MEPG2560开发板下载Firmata协议，建议使用Arduino IDE 1.0.5.r2版本和Firmata.2.3.6.版本。Unity和Arduino的结合使用，给实验艺术创作提供了强大的制作工具，能更丰富地展现艺术家的创意（图7-39）。

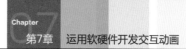

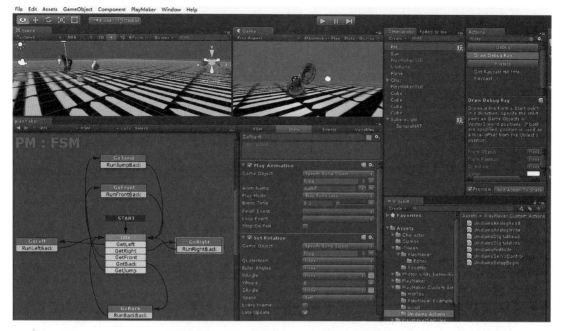

图7-39　Uniduino配合PlayMaker控制角色

7.3.2　硬件与软件的交互

　　Uniduino的开发者Edwon（埃德温）创作的短片《Teaser（戏弄者）》，利用Uniduino连接Arduino与Unity引擎，让现场产生游戏体验感。在Mac或PC平台上，任何电子输入或输出都可以连接到Arduino。Edwon使用Uniduino代码，将Unity交互事件与Arduino控制的风扇、灯、继电器、高清电视、PS3控制器联系起来（图7-40）。

图7-40　Uniduino_ Arduino Plugin for Unity-Teaser

　　Edwon与Daniel MacDonald（丹尼尔·麦克唐纳）开发的Uniduino连接Unity游戏引擎和Arduino微控制器的插件。Uniduino可以用来整合虚拟与真实世界。用户可以控制与Arduino一起工作各类感应件。Uniduino可以和PlayMaker结合使用，加上Mind+等可视化编程工具，使更多的用户可以体验交互动画的创作过程（图7-41）。

　　交互作品《城市旅行》《隐秘者》是Uniduino使用的经典案例。

　　2013年，在鹿特丹Het Nieuwe Instituut（"新协会"，原荷兰建筑师协会）空间，设计师利用Oculus Rift虚拟现实眼镜和脚踏感应件组成的交互作品《城市旅行》，参与者戴上Oculus Rift虚拟现实眼镜，跳上自行车，即可进入虚拟空间旅行，去探索一个奇幻而陌生的城市（图7-42）。

图7-41　Uniduino结合PlayMaker将Unity虚拟世界与Arduino现实世界相连

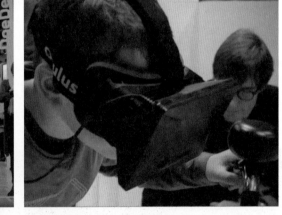

图7-42　Citytrip at Het Nieuwe Instituut Rotterdam 2013

　　2014年，由瑞士洛桑艺术与设计大学（ECAL）的设计师Simon de Diesbach（西蒙·德·迪斯巴赫）制作的装置作品《OccultUs（隐秘者）》，利用Oculus Rift虚拟现实眼镜技术让用户沉浸到一种感官体验，混合了两种截然不同的现实与虚幻元素。OccultUS为虚拟现实引入真实声音，用真实物体围绕虚拟现实体验者发出真实的声音，从而带来高度身临其境的逼真体验（图7-43）。

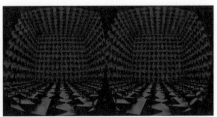

图7-43　OccultUs ECAL_Simon de Diesbach 2014

使用Filkov在Unity软件中运行的Kinect with MS.SDK开发包，配合PlayMaker、Uniduino
与Arduino，就可以实现类似Kinect控制Unity第一人称运动和视角的效果，并可以进一步制
作更为复杂有趣的3D交互动画作品（图7-44）。

图7-44　使用Kinect控制Unity第一人称运动和视角

7.4　交互动画现场展示案例

2015年11月，本书作者及其团队在天津智慧山艺术中心飞鸟剧场进行了交互动画现场展示
案例。本案例涉及两大内容，一方面是动画造型，另一方面是交互设计。动画造型部分，要求
交互设计人员在掌握抽象立体造型能力的基础上，进步研究具象造型的制作方法，首先构思二
维设定稿，将设计公司中的角色设计流程加以借鉴，并结合中外文化的符号比较，创设出全新
的角色形象（图7-45）。

图7-45　智慧山艺术中心交互动画展示现场

每一次工业革命都会派生出具有历史代表性的媒介创作，目前以智能交互为代表的新兴产业革命的悄然兴起，本部分的案例展示根据提供的场地特点，加入了剧场体感互动元素。由于现场有两个投影仪和两套Kinect设备，创作者挑选设计了若干三维角色，配合Kinect进行体感捕捉，以斗舞的艺术形式进行对话。

在现场的交互展示环节分为三个部分，第一部分是采用Kinect与Unity，将胸腔朝向与摄像机朝向关联，再让肢体的前后移动充当键盘方向键，控制Unity的第一人称视角。第二部分是Kinect体感控制虚拟角色进行群舞。第三部分是Midi键盘控制Unity的角色动作。

著名的媒体学家麦克卢汉曾指出，"媒介是人肢体的延伸"，在一定程度上，Kinect、鼠标键盘或者其他无线设备等这些输入输出设备都是人们的思想、语言、肢体表达的延伸。然而，动作捕捉设备在技术实现上具有时代瓶颈，不论是较早的光学式动作捕捉，还是新式的惯性捕捉、体感捕捉（包含肢体和手势两类），都还没有做到动作捕捉的十全十美。光学式动作捕捉和惯性捕捉造价昂贵，体感捕捉对于转身识别度差等，都是现阶段动捕设备的技术瓶颈。各种技术局限使得我们要在合理运用现有技术的基础上，进行艺术创作。

新媒体创作者要在媒体发展史上找到自身的定位坐标，每一个时代都需要一批新的媒体创作者肩负起自己的历史使命。

7.4.1　键鼠交互控制方案

在现场控制环节，鼠标和键盘是实现交互控制的最好方式，无论使用早期的Flash的Action Script，还是Unity的Playmaker，用键盘按键作为触发事件，然后再设法用其他方式控制键盘输入，都是便捷的方案。本书作者在2006年创作的交互作品《思维片断》中（图7-46），在交互控制环节采用了将键盘的按垫触碰点两极，分别导出连接线，并将延长线链接到座椅上，通过压力按钮，实现指定的按键按下和释放，并利用这些事件进行Flash的Action Script编程，实现对影像播放的控制。

图7-46　交互作品《思维片断》

随着无线控制技术和智能设备的出现与发展，现在可以利用无线手机端控制软件（例如Monect），配合360Wifi自建热点，实现多用户实时手机端无线键盘与鼠标的控制。在此基础上，结合Unity的PlayMaker图形化编程，实现复杂的键鼠交互控制（图7-47）。

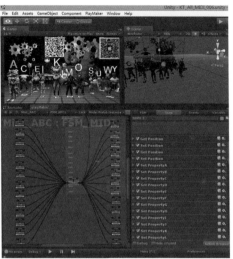

图7-47 Monect无线手机端控制Unity角色

7.4.2　Midi乐器交互设计

在创作交互动画时，声音元素与画面元素同等重要，Arduino和Unity桥接乐器采用Midi的方式进行。Midi是Musical Instrument Digital Interface乐器数字交互协议的简称，是一个工业标准的电子通信协定，为电子音乐合成器定义音符或弹奏码，使电子乐器、电脑、手机或其他的数字配备彼此连接，调整和同步，得以实时交换演奏数据。下面简要介绍自制Midi电子吹管和Midi控制Unity角色这两个案例（图7-48）。

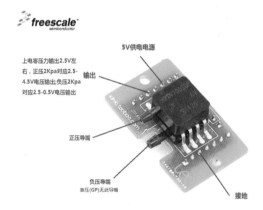

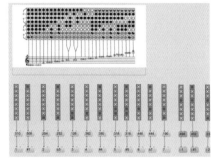

图7-48　自制Midi电子吹管

　　自制Midi电子吹管采用方法为：Arduino连接气压感应器和数字接口按键，将数据通过串口发送到Max/MSP，再使用Max/MSP分析数据编码导出数据到虚拟Midi代理程序LoopBe。气压感应器采用了Freescale（飞思卡尔）公司的MPXV7007DP压力传感器模块。在数字音乐按键的设计方案上，分别测试了Midi钢琴键盘和管弦乐气孔指法控制两个方案。管弦乐气孔指法控制的数字接口采用了光敏电阻传感器。

　　在Midi钢琴键盘配合电子吹管的方案中，由于只需要获取MPXV7007DP压力传感器信息，Arduino便采用了小巧轻便的Arduino Nano开发版。另外，由于管弦乐气孔指法控制方法中模拟与数字感应接口较多，Arduino采用MEGA2560 R3开发版。使用Arduino IDE编写代码，调用int命令将数值整数化，并将读取的analogRead（模拟信息）和digitalRead（数字信息），通过Serial（串口）发送（图7-49）。为了表演时可以便携移动，Arduino与电脑采用了无线连接，使用了翔码电子研发的XM-15B主从一体蓝牙串口模块（http://www.xiangma.cc/）。

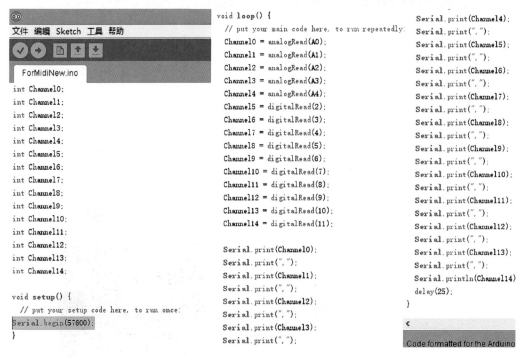

图7-49　Arduino IDE 编写代码

　　Max/Msp的Serial命令搜集串口信息，通过Select 10 13节点，通过识别ASCII编码中的回车信息进行分断（在ASCII编码中，回车键编号是13），再通过zl节点打包成列表，通过itoa节点将数字编码成ASCII，再通过fromsymbol和unpack节点解码数据，并分别指派8组数字，这样便实现了8个光敏电阻与八孔管乐指法上的数据联通（图7-50）。

　　在Max/Msp完成对串口信息的判断加工后，输出Midi信息到Midi代理程序LoopBe，再在音乐软件Fruity Loops Studio（水果数字录音室）中，调用LoopBe里的Midi CC信息。CC全称Control Change（变化控制器），是本次Midi创作的精髓所在。此次利用MPXV7007DP压力传感器模块，通过吹管压力转换为Midi CC，进而控制音量或音调，实现电子吹管效果。除此之外，在移动或平板设备上使用TouchOSC（Open Sound Control开源声音控制）控件，也是一种交互控制音乐软件的可行方案。

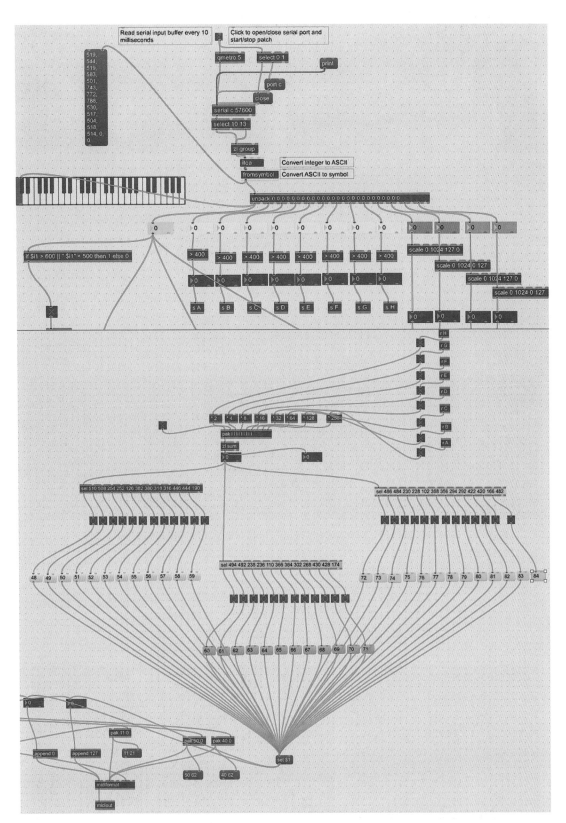

图7-50 利用Max/Msp实现模拟八孔管乐指法的数据联通

图7-51　现场Midi键盘控制Unity角色动作案例

　　在介绍了Arduino配合Max/MSP，生成Midi控制信号后，接着介绍一下在现场Midi控制Unity角色的主要思路和步骤（图7-51）。首先从Unity的应用商店（www.assetstore.unity3d. com）下载MIDI Unified.unitypackage，专门针对Midi的Unity开发工具包，并从Assets\ Foriero MIDI\MIDIUnified\Installations文件夹加装install_playmaker_actions.unitypackage工具包，使得MIDI Unified可以利用PlayMaker图形化编程。在掌握第6章6.4PlayMaker图形编程的基础上，初始时先调用动作Wait For Midi Init（等待Midi乐器），再利用动作Midi Out Note Condition判断Midi键盘敲击的键盘Id序号，在发送到的新状态机中加入Midi Out Note ON的对应的Id序号，形成Midi键盘与音高的一一对应，并且在新状态机中加入激活角色动作的事件（图7-52）。

图7-52　针对Midi的Unity开发工具包MIDI Unified

　　在完成Midi按键发声与角色动作的关联之后，在场景中加入预置的MIDIUnified Init（Midi整合乐器）和MIDIUnified Playmaker（Midi整合Playmaker），并将Midi Keyboard Input（Script）脚本中的键盘输入模式由QWERTY（柯蒂）键盘，换成ABCDEFG模式。在互动环节，现场人员还可以通过扫描屏幕上的二维码下载Monect，结合前文讲到的无线键盘控制增加互动感（图7-53）。

图7-53　加入MIDIUnified预置的乐器和Playmaker代码并配合Monect无线控制

7.4.3　Kinect与Unity体感交互现场环节展示

　　本案例依据剧场展示空间条件，设计出作品的现场交互展示方式。在艺术创意的引领下，人机互动的模式突破了以往的单项输出创作形式，使现场人员都成为互动的主角，构成了多维度、多次元、多视角的交互艺术空间。

　　Kinect与Unity体感交互现场环节展示环节分为两个部分，第一部分采用Kinect与Unity，将胸腔朝向与摄像机朝向关联，再让肢体的前后移动，触碰到四周的范围时，触发对应的WSAD按键，充当键盘方向键，控制Unity的第一人称视角（图7-54）。

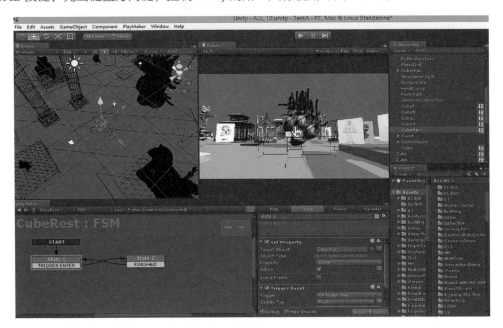

图7-54　Kinect体感交互模拟Unity的第一人称视角控制

　　第二部分是Kinect体感控制虚拟角色进行群舞。对话形式的舞蹈，配合PlayMaker使用ABCDE切换5场画面元素（图7-55）。

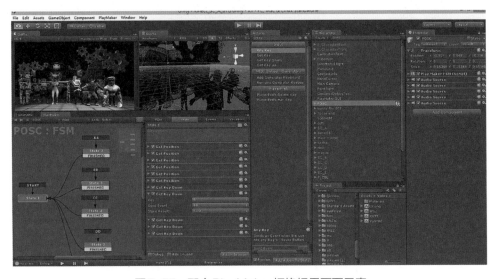

图7-55　配合PlayMaker切换场景画面元素

　　在Kinect与Unity体感交互控制上，本案例使用了第6章中提到的Rumen Filkov（茹门·弗里克威）研发的Kinect with MS-SDK.unitypackage工具包。安装此工具包后，打开范例场景KinectAvatarsDemo.unity，外部调入的角色只要采用Humanoid类人角色化后，再加上Avatar Controller（Script）脚本，就可以跟随Kinect骨架实时运动（图7-56）。对于角色装配内容，请参看第6章6.2的相关内容。

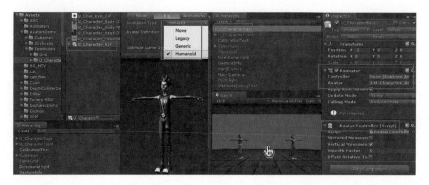

图7-56　Humanoid角色配合Avatar Controller脚本跟随Kinect骨架实时运动

　　现场演出前的准备环节，包括对Kinect有效范围的测量、动作设计的合理性、舞蹈动作的编配、服装道具的设计与测试、灯光和场景调度，等等，每一个环节的细致到位与否，决定着最终演出的质量与水准（图7-57）。

图7-57　交互动画展示的前期准备与现场演出环节以及教研团队

参考文献

[1] David Auerbach. The Hardest Computer Game of All Time［J/OL］. Slate 杂志. 2014.

[2] 谢作如. S4A 和互动媒体技术［M］. 北京：清华大学出版社. 2014.

[3] 穆勒. 增强现实：必知必会的工具与方法［M］. 北京：机械工业出版社. 2013.

[4] Simon Monk. Arduino+Android 互动智作［M］. 北京：科学出版社. 2013.

[5] Wendy Despain 著. 肖心怡译. 游戏设计的100个原理［M］. 北京：人民邮电出版社. 2015.

[6] http://blog. sina. com. cn/s/blog_52fa64780102v1si. html［EB/OL］. Mr. Balancer. 2014.

相 关 网 站

[1] https://dev.windows.com/en-us/kinect

[2] http://www.edwon.tv/uniduino/

[3] http://www.hutonggames.com/

[4] https://www.arduino.cc/

[5] http://www.autodesk.com/

[6] http://pixologic.com/

[7] http://ipisoft.com/

[8] http://brekel.com/

[9] https://developer.vuforia.com

[10] http://www.mindplus.cc

[11] http://www.hoogerbrugge.com/category/flash-classics

[12] http://blog.sina.com.cn/balancestudio